京大
おどろきのウイルス学講義

宮沢孝幸

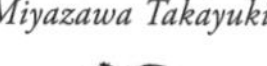

PHP新書

まえがき

新型コロナウイルスは、私たちの社会に大きな影響をもたらしました。重症になった方やお亡くなりになった方もいらっしゃいます。一方で外出制限や時短営業要請などにより、経済的に大損害を被（こうむ）った方も少なくありません。

新型コロナウイルスの終息は、私たちみんなの願いですが、仮に新型コロナウイルスがおさまったとしても、安心するわけにはいきません。次のウイルスが控えているからです。

自然界に存在しているウイルスは、新型コロナウイルスだけではありません。ヒトが感染して病気を発症する新しいウイルスは、主に動物界からやってきますが、動物界にはウイルスがたくさんあります。

これまで、ウイルスの研究者は、ヒトが感染するウイルスに比べると、動物ウイルスの世界にはあまり目を向けてきませんでした。しかし、動物ウイルスにも目を向けないと、再び、動物由来のウイルスがやってきて、社会に大混乱が起こりかねません。新型コロナウイルスを教訓にして、多種多様な動物のウイルスを視野に入れて、次のウイルスに備えておくべきではないでしょうか。本書では、動物界の恐ろしいウイルスについても、ご紹介したいと思います。

しかしながら、自然界に存在するすべてのウイルスが恐ろしいウイルスというわけではありません。ウイルスの中には、私たちの誕生に役立っているウイルス、進化を促進してきたウイルス、がんを抑えるウイルスなど、有用なウイルスもたくさんあります。

中でも独特のメカニズムをもっているのが、「レトロウイルス」と呼ばれるウイルスです。レトロウイルスとは、簡単に言えば、宿主の遺伝子情報であるＤＮＡ（これをゲノムと呼びます）にウイルスの情報を書き加えてしまうウイルスです。レトロウイルスが免疫系を攪乱（かくらん）したり、免疫担当細胞を殺してしまうことにより、免疫機能を抑制してしまうこともあるのですが、逆に、ＤＮＡを書き換えることによって、生物を進化させてきた面もあるのです。

レトロウイルスは現代でも存在していますが、数億年前、数千万年前にも地球上で多くのレトロウイルスが存在していました。その古代のレトロウイルスは、実は、私たちのゲノムＤＮＡの中に組み込まれています。ヒトにおいては、遺伝情報であるゲノムのうちの９％はレトロウイルス由来の遺伝配列情報が占めています。

なぜ、私たちのゲノムＤＮＡの中に古代のウイルスの情報がたくさん入り込んでいるのでしょうか。解明できていない謎の部分が多いのですが、それを探っていくと、生命誕生のメカニズムや進化のメカニズムなどの解明の手がかりとなります。レトロウイルスについて知ると、私たち生物がウイルスと戦いながらも、お互いを利用し合って共存してきた側面も見えてきます。生物とウイルスは、「共進化」してきたのです。

私は京都大学で1年生（全学部）向けのゼミ『ウイルス学と免疫学の最前線』や全学年（全学部）向けの教養の授業『生命と科学』、医学部2年生向けと医科学修士1年生向けの微生物学『人獣共通ウイルス感染症』の授業を担当しています。他にも京都以外の大学や高校で非常勤講師として、授業やセミナーをしています。

この本は高校生でも十分理解できるように書いたつもりですが、一部難しいところがあるかもしれません。難しいところは、無理に理解しようとせずに先に読み進めて下さい。逆にウイルス学履修者にとっては、もっと詳しく説明してほしいと思うかもしれません。内容に関心をもった方は巻末に参考文献のリストを載せましたので、参照して頂ければ幸いです。本文中で参考文献と関連があるものについては文末に「＊」をつけています。

ミステリーの世界のようなウイルスの仕組みと働きについて、本書を通じて、さらに興味をもっていただければ、著者としてうれしい限りです。

京大　おどろきのウイルス学講義――目次

まえがき　3

第1章　「次」に来る可能性がある、動物界のウイルス

新興ウイルス感染症は予期せぬところからやってくる　14
「ヒトレトロウイルス」を発見したのは日本人　17
「次」に備えるには、予測ウイルス学が重要になる　20
新型コロナウイルスよりもっと怖いウイルスが来る？　24
突然、血を流して死んでいったニホンザルたち　26
なぜ、ニホンザルだけ死んだのか？　29

ウイルスは体内に潜んでいることもある 31
動物では問題ないのにヒトに感染すると危険なウイルス 33
他にもある動物界の恐ろしいウイルス 34
マダニが媒介する致死性のウイルスはすでに広がり始めた 37
感染すると水を怖がるようになる狂犬病ウイルス 40
がんが空気感染する怖すぎるウイルス 42
危険なウイルスがほとんど研究されていない 43
これからは、「三次元」のウイルス学(多次元ネオウイルス学)の時代だ 46
ウイルス学の次元を変える技術革新 49

第2章 人はウイルスとともに暮らしている

人間はウイルスをもった野生動物と暮らしている 52
毎年、数個のヒト新興ウイルスが現れている 54
なぜウイルスが広がるようになったのか? 56

ウイルスが発生・拡大する13の要因　59
がんに対抗する？　役に立つ「有用ウイルス」とは　64
わかっているウイルスは、氷山の一角　66

第3章　そもそも「ウイルス」とは何？

セントラル・ドグマ（タンパク質合成機構）とは　70
「ウイルス」とは何か？　73
「DNA型ウイルス」と「RNA型ウイルス」がある　75
ウイルスは細胞より圧倒的に小さい　76
ウイルスの定義の移り変わり　78
「新型コロナウイルス」とは、どういうウイルスか？　81
「新型コロナウイルス」は多数の遺伝子をもつゲノム配列の長いウイルス　83
コロナウイルスは動物の世界ではメジャーなウイルス　85
「新型コロナウイルス」は、キクガシラコウモリが元の宿主？　87

発展途上国にコロナ感染症が少ない理由の「意外な仮説」 89
人類は鎌倉時代から「ウィズコロナ」？ 92
「新型コロナウイルス」は、「未知」と言うほどでもない 94
ウイルスのリコンビネーション（組換え）とは？ 98
新型コロナウイルスの変異 100
インフルエンザウイルスは変異しやすい 102
レトロウイルスは頻繁に組換えをしている 105

第4章 ウイルスとワクチン

生ワクチンと不活化ワクチン 110
アデノウイルスを組み換えたワクチン 112
核酸ワクチン 114
ワクチンでは防げないケースも 116
ワクチンの長期的リスク 119

第5章 生物の遺伝子を書き換えてしまう「レトロウイルス」

「レトロウイルス」って何？ 124
レトロウイルスの種類――古代のウイルス、「遅い」ウイルス…… 127
人間のすべての細胞に、レトロウイルスの遺伝子由来の配列が入っている 131
哺乳類が積極的にレトロウイルスの遺伝情報を取り込んだ時期がある 133
レトロウイルスは進化の要因である「スプライシング」にも関与している？ 136
生まれたときと死ぬときの遺伝子は同じではない 137
レトロウイルスによってがんの発生機構が解明された 139
ヒトゲノムＤＮＡには、レトロウイルス由来の配列が９％も入っている 141
ＤＮＡの「コピー＆ペースト」を行うレトロトランスポゾン 144
レトロウイルスの存在意義 147
ウイルスは、遺伝子配列の貸し借りをしている 149
体内に潜んでいた古代のウイルスの断片が目を覚ます 150
弱病原性のウイルスでも病気になることも 151

ウイルスは生き残るために遺伝子をパクり合う 153

第6章 ヒトの胎盤はレトロウイルスによって生まれた

胎盤形成にレトロウイルスが関係していた 156
着床時の免疫抑制にもレトロウイルスが使われている 159
ウシの胎盤形成に使われる「フェマトリン1」を発見 162
オーストラリアが有袋類の国になった理由 165
細胞の初期化にもレトロウイルスが関与している 169
クローンヒツジ、ドリーの衝撃 172
クローン人間が生まれる可能性 175
常識を覆すほど生命技術は進んでいる 176
ブタからヒトへの膵島細胞移植は実用化段階 179
レトロウイルスはがんにも効く？ 182

第7章 生物の進化に貢献してきたレトロウイルス

進化のためにはゲノムコンテンツを増大させることが必要 186
皮膚の進化に使われてきたレトロウイルス 188
初期の哺乳類は、卵を産んでいた 191
仮説「恐竜の絶滅にもレトロウイルスが関与している」 193
現生人類もいつかは絶滅して、次の進化へ 196
宇宙線でレトロトランスポゾンが活性化する? 199
地球環境の変化に合わせて、今後も生物は進化し続ける 203

あとがき 206
参考文献 219
索引 222

第1章

「次」に来る可能性がある、動物界のウイルス

新興ウイルス感染症は予期せぬところからやってくる

２０１９年末から新型コロナウイルスが広がり始め、世界中が「どうしよう、大変なことになった」と大騒ぎになり、現在も混乱が続いています。

しかし、同じような現象は過去にも起こっています。２００２年から２００３年にかけてＳＡＲＳコロナウイルスが出てきたときに、日本では大きな問題となりませんでしたが、世界中が大騒ぎになりました。

当時、私は２００１年にイギリス（ユニバーシティ・カレッジ・ロンドンに留学）から日本に戻ってきて、大阪大学の微生物病研究所に新しくできたエマージング感染症研究センター（エマージング感染症は日本語に直すと「新興感染症」）というところで研究をしていました。

ＳＡＲＳコロナウイルスが登場したことで、日本ウイルス学会は、「どうしたら新興ウイルス感染症と対峙できるか」を問われました。私は、大阪大学の同窓会報のようなものに「新興ウイルス感染症は搦（から）め手からやってくる」と書いた記憶があります。

搦め手というのは、もともとは城や砦（とりで）の裏門という意味なのですが、この場合は警戒していない無防備なところから新興ウイルスがやってくるという意味で使ったのです。新興ウイルスは、「このウイルスは怖いぞ」と警戒しているところからはやってこないで、まったく無警戒のところから突然やってくるんです。

その時は「新興ウイルス研究のためには、選択と集中をしてはいけない」ということを書いて、警鐘を鳴らしたつもりでした。その考えは今もまったく変わっていないのですが、その時から世の中は逆の方向に進んでいます。

今は、研究の分野では目先の成果が追求されます。ウイルス研究も同じで、今問題になっているウイルスを選択し、そのウイルスを集中的に研究しようとする傾向があります。しかし新興ウイルス感染症は、選択から漏れたウイルスが起こすことがほとんどで、予期せぬ大問題を引き起こします。

選択と集中をしないで、どのウイルスについても満遍なく研究しておかないと、新興ウイルスの問題には対応できません。

大学では、人に感染して問題になっているウイルスには研究予算がたくさん付きますが、将来人に感染して大問題を起こす可能性がある動物のウイルスに対しては予算がほとんど付きません。現時点では人に感染しておらず、問題となっていないからです。

コロナウイルスに関しても、2002年にSARSコロナウイルスが出てくるまでは、医学の世界ではあまり研究されていませんでした。

私たち獣医の世界では、コロナウイルスは動物に感染している一般的なウイルスで、大きな問題を起こすことから、研究が進んでいました。

医学分野では、人に感染するコロナウイルスが研究対象です。ただ、2002年以前に判明していた人に感染するコロナウイルスは、風邪症状しか起こさないウイルスであったため、研究者人口も少なく、研究予算も少なかったのが実情です。

今、大学のウイルス研究は危機に瀕(ひん)しています。2004年に国立大学が独立法人化し、国立大学法人になりました。その時から、国は大学に分配する基盤的経費（運営費交付金）を毎年1％ずつ削減する方針を打ち出しました。その一方で競争的研究費の比率を高め、競争的研究費から間接経費という形で、大学に運営資金が流れるようにしたのです。

それ以前は、研究室には一定の運営費が配分され、そのお金で研究ができたのですが、今は運営費は雀(すずめ)の涙程度で、研究はおろか普段の研究室の運営に必要な経費もまったく足りません。研究者は競争的研究費を獲得しないと、研究室運営ができなくなっているのですが、競争的研究費はその名前通り競争が激しく、多くは採択率10～30％程度なのです。その結果、多くの研究室では研究がほとんどできなくなりました。その煽りを受けたのが、マイナーなウイルスの研究者です。

選択と集中をしないで、研究費を満遍なく、動物も含めた多くのウイルスに少しずつ振り向けていれば、動物由来でヒトに感染する可能性のあるウイルスの研究がもっと進んでいたはずです。

2002年にSARSコロナウイルス、2012年にMERSコロナウイルス、2019年に新型コロナウイルス(SARS-CoV-2)と、動物のコロナウイルスが次々と人の世界にやってくるようになり、病気を引き起こし、世界中でたくさんの死者が出ました。

動物のウイルスを広く研究しておかないと、新興ウイルス感染症が出るたびに、本当の専門家が日本にいなくて困るということになります。今回のウイルスよりもっと恐ろしいウイルスが、日本で研究が行われていないウイルスの中から突然やってくるかもしれません。

「ヒトレトロウイルス」を発見したのは日本人

2003年の日本ウイルス学会のシンポジウムでは、故・日沼頼夫(ひぬまよりお)先生*(元京都大学ウイルス研究所所長、京都大学名誉教授)が画期的な提言をされました。その提言について述べる前に日沼先生の紹介をしたいと思います。

日沼先生は高月清先生（熊本大学名誉教授）、三好勇夫先生（高知大学名誉教授）らとともにヒトのレトロウイルスを世界で初めて発見し、本来ならノーベル賞をもらうべき業績を挙げた研究者です。

「レトロウイルス（retrovirus）」という言葉を、聞いたことのない方も多いでしょう。レトロウイルスについては、第5章で詳しく説明したいと思います。レトロウイルスについて知っていただくと、ウイルスの見方が一変すると思います。レトロウイルスは、エイズ（後天性免疫不全症候群）や白血病などの深刻な病気を起こす側面もありますが、レトロウイルスのおかげで、私たちは母親から生まれてくることができるという良い面もあるのです。さらにレトロウイルスは生物、特に哺乳類の進化を促進してきたとも考えられています。生命の誕生や進化とも関わる、とっても面白いウイルスなのです。あとでお話ししますので楽しみにしていて下さい。

話を戻しますと、日沼先生らは、ATLV（adult T-cell leukemia virus 成人T細胞白血病ウイルス）（別名：HTLV-1――ヒトT細胞白血病ウイルス1型）というレトロウイルスの分離を世界で最初に成功させた方々です。

レトロウイルスについては、ロバート・ギャロ博士（米メリーランド大教授）とリュック・モンタニエ博士（仏パスツール研究所研究者）が、どちらがHIV（human immunodeficiency virus　ヒト免疫不全ウイルス。レトロウイルスの1つ）の発見者かで争い、結果的にモンタニエだけがノーベル賞を受賞しています。

なぜギャロはノーベル賞を取れなかったのでしょうか。実はウイルス発見当時、ギャロはモンタニエらの発見したウイルスを譲り受けたのですが、それを自分たちが発見したウイルスとして発表してしまったのです。この不祥事は国家を巻き込む、どろどろの法廷闘争になりました。この法廷闘争がなければ、日沼先生、モンタニエの2人がノーベル賞を受賞したかもしれません。いずれにしても、レトロウイルスが成人T細胞白血病の原因ウイルスであることを発見したのは、欧米人ではなく日本人なのです。

ちなみにレトロウイルスがもっている特殊な酵素である「逆転写酵素」を見つけたのも日本人です。逆転写酵素の発見でハワード・テミン博士、デイビット・ボルティモア博士が1975年にノーベル賞を受賞していますが、実際にテミン博士の研究室で実験を行ったのは、当時博士研究員だった水谷哲博士です。水谷先生は残念ながらノーベル賞は受賞できませんでした。

また脱線しました。話を元に戻します。日沼先生は、2003年のシンポジウムで、「これからは、起こるであろう病気を予測し、ウイルスを探し、それに対する方法を研究すべきだと思う。言わば、**予測ウイルス学**だ」と提言されました。

また日沼先生は、「日本ウイルス学会は医学だけではない」と述べています。新興ウイルス感染症は動物からやってくるわけですから、動物ウイルスも研究しなければいけないというお考えで、獣医に対しても理解のある先生でした。

日沼先生の提言はとても先見性に富んだものでしたが、完全に無視されてしまいました。新興ウイルス感染症に対峙するためには、動物（野生動物を含む）のウイルスの網羅的研究が必要なのです。欧米は研究の層が分厚く、いろいろな動物のウイルスが研究されています。日本の場合は、先述しましたが、選択と集中が行われすぎていて、研究されるウイルスの種類が偏っているばかりか、実質の研究者（研究ができる程の予算を獲得している研究者）も少なくなっていて、ウイルス研究の厚みが極端に薄くなっています。

「次」に備えるには、予測ウイルス学が重要になる

新興ウイルス感染症に対峙するためには、予測ウイルス学が重要ですが、果たして本当に

できるのでしょうか？　実は新興ウイルス感染症が発生するかを「予測できるケース」と「予測できないケース」があります。

「予測できるケース」については、あらかじめ次に来そうなウイルスを研究して、備えておくことが可能となります。

「予測できないケース」に関しては、どのウイルスが次に来るかわからないので、多くのウイルス（非病原性ウイルスを含む）を広く浅く研究して、備えておくしかありません。これについては後でお話しします。

ここで１つ、「はしか」を例に、次に来るウイルスを予測してみましょう。

はしかを起こす麻疹（ましん）ウイルスは、現在はワクチンによって制御されていますが、感染力が強く、流行しやすい感染症です。２０１６年に「空港で麻疹ウイルス感染者が見つかった」というニュースが流れました。感染したのはワクチンを打っていない人だろうと思います。

麻疹ウイルスの変異の速度を計算してさかのぼっていくと、いつごろ人に出現したのかを推測できます。計算の結果およそ紀元前6世紀であろうと計算されています。

ヨーロッパで牛疫（ぎゅうえき）ウイルス（ウシモルビリウイルス）の祖先ウイルスの感染が広がり、それが人に感染するようになって、麻疹ウイルスになったという説が有力です。*

21世紀の現代では、麻疹ウイルスはワクチンによって制御されており、今後、ワクチンプログラムがさらに進んで、麻疹ウイルスは将来的にこの世から消えていくかもしれません(ちなみに牛疫ウイルスは根絶されています。人の手によって根絶されたウイルスは、天然痘ウイルスとこの牛疫ウイルスしかありません)。

しかし、麻疹ウイルスが消えたとしても、私たちは安全ではありません。次のウイルスがヒトの新興ウイルス感染症として控えているからです。麻疹ウイルス根絶のあとにやってくるのは、**イヌジステンパーウイルス**(イヌのモルビリウイルス)というものです。

イヌジステンパーウイルスは、麻疹ウイルスやウシモルビリウイルスと遺伝的に近縁です。近縁ですが、イヌジステンパーウイルスはもともとは食肉目(ネコ目)動物にしか感染しないと考えられてきました。

1990年代、イヌジステンパーウイルスに海生哺乳類(ネコ目イヌ亜目)が感染し、海生哺乳類を次々と死亡させたことで大きな問題となりました。アフリカのタンザニアのセレンゲティ国立公園のライオンも大量に死亡させています。*

私たちの研究グループは、イヌジステンパーウイルスがイエネコ(一般に飼われている猫を「イエネコ」と呼びます)にも感染していることを突き止めました。* イヌジステンパーウイルスは、ライオンにとっては死に至る病気を起こすウイルスですが、イエネコは感染しても病気にはなりませんでした。

このウイルスは日本国内の野生動物もかなり死なせています。山で死んでいたタヌキを調べると、イヌジステンパーウイルスに感染して死んでいたケースが出ています。

中国では、イヌジステンパーウイルスがアカゲザルに感染して、バタバタと死んでいきました*。霊長類にまで感染するようになったというわけです。

国立感染症研究所の森川茂博士（現岡山理科大学教授）と竹田誠博士らの研究グループが、感染したサル（国内ではカニクイザル）のウイルスの変異を調べたところ、ウイルスの一番外側の特定の部分が変異してサルに感染するようになったことがわかりました*。さらに驚くべきことに、霊長類のサルに感染するようになったウイルスは、ヒトの細胞にも感染したのです。

このことから、地球上から麻疹ウイルスが消えたとしても安心はできない、ということがわかります。将来、イヌジステンパーウイルスが変異して新興モルビリウイルスとして人に感染する恐れがあるのです。霊長類のサルがバタバタと死んでいったわけですから、人をも死に至らせるかもしれません。十分に警戒をする必要がありそうです。

現在、イヌジステンパーウイルスが人に感染しないのは、実は人が麻疹ウイルスに対して免疫をもっているからだと考えられています。遺伝的にイヌジステンパーウイルスは麻疹ウイルスにかなり近縁なので、麻疹ウイルスに対する免疫がイヌジステンパーウイルスに対しても効いている可能性があります。

「次に人に来るのは、イヌジステンパーウイルス」といった予測をもとにすれば、イヌジステンパーウイルスを研究して、人への感染に備えておくことができます。これが予測ウイルス学です。幸いにしてイヌジステンパーウイルスに対するワクチンは実用化されているので、イヌにワクチンを接種することで、ヒトへの感染リスクを減らすことができます。ただし、野生動物にもこのウイルスはすでに蔓延（まんえん）しているので、この世から消し去ることはできないでしょう。

新型コロナウイルスよりもっと怖いウイルスが来る？

獣医の私たちが、医学のウイルス学の教科書を見ると、「えーっ、人間に感染するウイルスって、こんなに少ないの？」という思いがします。お医者さんが勉強するウイルスの数は、獣医が勉強するウイルスに比べるとはるかに少ないのです。それは考えてみれば当たり前の話で、動物の種ごとにウイルスがありますから、トータルすると非常に多くの動物のウイルスがあります。

その中には、変異してヒトに感染するようになったらパニックになりそうな、恐ろしいウイルスがいくつもあります。今のところ人に感染することはありませんが、今後に備えるために、どのようなウイルスがあるかを見ておきましょう。

ネコが下痢(げり)を起こしたり、汎(はん)白血球減少症を起こしたりする**ネコパルボウイルス**というものがあります。感染力が強く、致死性の高い病気を引き起こします。

中国ではネコパルボウイルスが変異してアカゲザルやカニクイザルに感染して、百頭以上も死亡しました。＊私たちの研究チームも、普段、パルボウイルスを扱っていますから、「大変なことになるかもしれない」と危惧しました。ウイルスを入手して研究をしたかったのですが、情報すら入ってきません。

なぜ情報が入らないかというと、中国人民解放軍の関連施設のサルの感染だったのです。どういう変異が起こってサルに感染したのか、そのサルに感染したウイルスがヒトにも感染するのか、まったくわかりません。このウイルスは中国しかもっていないため、詳しく調べることができませんでした。結局、中国から論文が1報出ただけで終わってしまいました。

それでも、ネコパルボウイルスがネコだけの問題ではなく、霊長類にも感染する例があることはわかりました。ネコパルボウイルスも警戒しておかなければなりません。

予測ウイルス学は、野生動物が大量に死亡したときに原因となったウイルスを研究して、そこからヒトへの感染を予測して、警戒するというものです。サルなどの霊長類に感染した例が出てきたときには、「ヒトにも感染するかもしれない」と考えて、特に警戒を強める必要があります。

突然、血を流して死んでいったニホンザルたち

2001年から2002年に、愛知県犬山市にある京都大学霊長類研究所のニホンザルがバタバタと斃れました。いったんは抑え込むことができましたが、6年間をおいて再び異変が起こり、計50頭のニホンザルが死んでいきました（安楽殺も含む）*。

サルたちは、死ぬ前日まで、ピンピンしていました。エサもたくさん食べ、何の症状もなかったんです。

ところが翌日、血まみれになって死んでしまった。「これは大変なことになった」と、関係者は焦りました。

血液性状（ＣＲＰの値）や抗生物質が効かないことから、ウイルスが原因である可能性があったため調査をしました。調べてみると、**サルレトロウイルス４型**が原因であることが、比較的速やかに特定できました。

サルレトロウイルスは、１９７０年代に発見されましたが*、研究者の間で問題とされたのは１９８０年代です。ヒトのエイズの実験モデルとしてサルを使いますが、サルがサルレトロウイルスに感染すると、免疫抑制を起こすため、実験結果に影響する可能性があったからです。

ただし、エイズの実験以外では、サルレトロウイルスは特に問題とされていませんでした。アカゲザルが、サルレトロウイルスに感染しても下痢や軽い免疫抑制を起こすくらいの症状しか現れず、たいしたことのないウイルスと見られていたんです。

ところが、その同じウイルスがニホンザルを次々と殺してしまったのです。

「そんなバカな！」というのが率直な感想で、サルレトロウイルス４型が本当にニホンザルに致死性の病気を起こすのか、にわかには信じられませんでした。

不思議なことに、国内のサル繁殖施設にいるカニクイザルとアカゲザルは、サルレトロウイルスに感染していたのに、死に至るような病気にはなりませんでした。ニホンザルだけが、同じウイルスで死んでいったのです。

ニホンザルと、カニクイザル、アカゲザルは同じマカク属に属し、遺伝的にはほとんど同じです。それなのに、カニクイザルとアカゲザルでは病気を起こさないウイルスが、ニホンザルをあっという間に殺してしまったんです。

さらに詳しく調べるために、4頭のニホンザルで感染実験をしました。サルレトロウイルス4型に感染させると、1か月ほどで血小板がなくなって死んでしまいました。* 通常は、レトロウイルスに感染した場合は、発症するまでに数年から数十年の時間がかかります。1か月で死に至る強毒のレトロウイルスは非常に珍しいのです。ウマの伝染性貧血症ウイルスは、ウマが感染すると比較的早く死に至りますが、それ以外のレトロウイルスで、これほど強い病原性があるレトロウイルスは初めてでした。

ニホンザルがバタバタと死んでいったため、マスコミからは「人間は大丈夫なのか」という問い合わせがたくさん来ました。

サルレトロウイルスが人に感染したという論文はありますが、感染して発症した例は報告されていません。しかし、確証はなく、本当に人に感染して発症しないのかは、実験によって確かめるしかありませんでした。

この実験はヒトで行うことはできません。そこで人の免疫系を構築したヒト化マウスをつくりました。まったく免疫系がない免疫不全のマウスというものがあるんですが、そこに人の免疫前駆細胞を移植して、マウスに人の免疫を再構築させたんです。このヒト化マウスに、サルレトロウイルス４型を感染させました。

ヒト化マウスはサルレトロウイルス４型に感染はしましたが、血小板がなくなるような事態にはなりませんでした＊。

明確なことはわかりませんでしたが、一応、「人に対しての病原性はないだろう。安全であろう」ということで、決着を付けたのでした。

なぜ、ニホンザルだけ死んだのか？

カニクイザル、アカゲザルは、サルレトロウイルス４型に感染しても、大きな病気を起こしませんが、ニホンザルが感染するとウイルスは強い病原性を発揮し、ニホンザルは次々と死んでいきます。

なぜこのような結果になったのでしょうか。私は、次のように推測しています。

ニホンザルはおよそ40万年前に日本列島に入ってきました。人間が日本列島に入ってきたのはおよそ4万年前ですから、40万年前というのは途方もなく昔のことです。日本列島に入ってきたニホンザルは、その後、海面が上昇して日本列島と大陸が海で切り離されて、大陸の生態系から隔絶されたのです。

おそらく大陸では、サルレトロウイルスが流行して、弱いサルは死んでいったのではないかと思われます。死なずに生き残った強いサルの子孫が、大陸系のカニクイザル、アカゲザルではないでしょうか。

一方、ニホンザルは大陸から隔絶されていたため、サルレトロウイルス4型が流行せず、ナイーブなまま現在のニホンザルにつながっているのではないかと考えられます。だから、サルレトロウイルス4型に強い遺伝子をもっておらず、ニホンザルがそれに感染するとあっという間に死んでしまうのではないか。

こうした地域性は、新型コロナウイルス（ＳＡＲＳ－ＣｏＶ－２）にも通じるかもしれません。アジア人は新型コロナウイルスの死亡率があまり高くなく、欧米（特にアングロサクソン系）では死亡率が高い傾向があります。アジア地域では過去に高病原性のコロナウイルスが蔓延し、その後生き残った人々の末裔（まつえい）が現代のアジア人なのかもしれません。その可能性はなきにしもあらずです。

ウイルスは体内に潜んでいることもある

サルレトロウイルスは1から8の型があるのですが、**サルレトロウイルス5型**も、ニホンザルに感染すると、サルレトロウイルス4型と同じような症状を示します。

とあるニホンザルの繁殖施設でも、霊長類研究所と同じように出血して相次いで死亡する事例がありました。検査の結果、ここではサルレトロウイルス5型が原因ウイルスでした。サルレトロウイルス5型も感染実験により、4型とまったく同じ症状を引き起こすことが我々の研究でわかりました。*そこで、その繁殖施設においても、サルレトロウイルスの検査を行い、徹底的にウイルス感染ザルの隔離、処分が行われました。

サルレトロウイルス4型も5型も、ニホンザルが感染しても、ニホンザルの多くは、なぜか抗体をほとんどつくれないんです。一方アカゲザルやカニクイザルでは、これらのウイルスに抗体をつくることができます。サルレトロウイルスに対する抗体ができた一部のニホンザルは生き残りますが、多くのニホンザルは抗体ができずに死んでいきます。抗体ができない理由は、まだよくわかっていません。

ＰＣＲ（polymerase chain reaction　ポリメラーゼ連鎖反応）でウイルスＤＮＡを増幅させて

検査をします。検査の結果、陽性だったニホンザルは、感染を防ぐために殺処分せざるをえませんでした。

その後、ＰＣＲ検査をしても、どのニホンザルも陰性を示す状態が続きました。サルレトロウイルスは消え去ったかのように思われていました。ところが、突然、発症するニホンザルが出てきて死んでしまうということが起こりました。

おそらく、サルレトロウイルスがニホンザルの体の中に潜んでいたのでしょう。検査しても陰性になるのですが、体が弱ったときや、免疫が落ちたときに、眠っていたウイルスが体の中で増殖を始めたのではないでしょうか。そのウイルスが体外に飛び出して他のニホンザルに感染して、感染が広がっていくということは起こりえます。サルレトロウイルスは制御が非常に難しいウイルスです。

一般的には「ウイルスに感染すると抗体ができる」「ＰＣＲ検査をすれば、感染しているかどうかがわかる」と思われていますが、感染しても抗体がほとんどできないウイルスもありますし、ＰＣＲ検査で陰性が出ても体の中に潜んでいるウイルスもあります。抗体検査も、ＰＣＲ検査も絶対的なものではないのです。

なお、ニホンザルの繁殖コロニーではサルレトロウイルス検査を定期的に行っており、現在は発生していません。

動物では問題ないのにヒトに感染すると危険なウイルス

やっかいなことに、新興ウイルス感染症は、ほとんどのウイルスが元々は非病原性です。例えば、１９８０年代に大きな問題となったエイズの原因であるヒト免疫不全ウイルス１型（ＨＩＶ－１）は、チンパンジーから人間に感染するようになりました。

チンパンジーの免疫不全ウイルスは、チンパンジーより小型のサルが２種類の免疫不全ウイルス（オオハナジログエノンとシロエリマンガベイにもともと感染していた免疫不全ウイルス）に同時に感染したときに体内でリコンビネーション（組換え、98ページ参照）を起こして変異して、チンパンジーに感染するようになりました。[*] チンパンジーに感染するようになったウイルスが種を超えてヒトに感染するようになり、エイズを引き起こすウイルスになったんです。

ＨＩＶは、免疫系の司令塔であるヘルパーＴ細胞に感染し、その細胞を破壊、免疫不全を引き起こします。

実は、サル免疫不全ウイルス（ＳＩＶ）も、サルのヘルパーＴ細胞に感染し破壊するのですが、サルは免疫不全にはならず、まったく平気です。

同じような免疫不全ウイルスに感染しているのに、サルでは免疫不全を起こさず、人では免疫不全を起こすのは、サルはサル免疫不全ウイルスに対する抵抗因子をもっているからと考えられています。エイズ発症の仕組みは解明されているかのように思われていますが、まだ完全には明らかになっていません。

いずれにせよ、同じ免疫不全ウイルスでも、サルでは問題がないけれども人では病気を引き起こすというわけです。

新興ウイルス感染症はこういったタイプのウイルスがほとんどです。元々の宿主にいるときには、ウイルスは何の病気も起こさずに宿主と共存していたのに、種を超えて人に感染するようになった途端、強毒性を発揮するのです。

他にもある動物界の恐ろしいウイルス

人に感染して下痢を起こすウイルスとして、**ノロウイルス**と**サポウイルス**があります。身近なウイルスで、よく感染者が出ています。これらのウイルスはカリシウイルス科に属していますが、カリシウイルス科のウイルスの中には、非常に恐ろしいウイルスがあります。

まず、ノロウイルスの特徴を見ておきます。ノロウイルスへの感染は、食事による経口感染、ウイルスが付着したものに触れる接触感染、感染者の飛沫（ひまつ）による飛沫感染がありますが、空気感染も見られます。嘔吐（おうと）した吐瀉物（としゃぶつ）からウイルスが舞い上がったり、下痢になって排便した後に、トイレのふたを閉めずに流してウイルスが飛び散ったりすると、空気感染してしまうことがあるんです。

今回問題となっている新型コロナウイルス（ＳＡＲＳ－ＣｏＶ－２）は、ある程度の量のウイルスがないと感染しないと考えられるため、空気感染のリスクは低いウイルスです。念のために換気をしてウイルス量を減らせば、空気感染することはまずありません。

しかし、ノロウイルスの場合、少ない量で感染する特徴があり、空気中のウイルスに感染してしまうことが起こります。少ない量で感染するという面で、かなりやっかいです。

74ページで説明しますが、新型コロナウイルスは、エンベロープという脂質の膜で覆われており、エタノール消毒や石けんによる手洗いによって膜を壊してしまえば、ウイルスは不活性化します。それに対して、ノロウイルスはエンベロープの膜をもっていませんので、エタノールや石けんによって不活性化することがない。環境中で強いため、制御が難しいウイルスです。

ノロウイルスの感染を防ぐにはウイルスを含む食品に注意する必要があります。調理の際には手をしっかり洗う、大便を流すときには便器のふたを閉める、吐瀉物の処理を完全にするなどが必要です。

このような特徴をもったウイルスが、カリシウイルス科に属するウイルスです。

ネコに感染する**ネコカリシウイルス**は、ネコに呼吸器系疾患を引き起こします。風邪症状や口内炎などが代表的な症状です。ところが、ネコカリシウイルスの中には劇症型のウイルスがあり、感染するとネコがすぐに死んでしまうものがあるんです。*強毒過ぎて宿主が死んでしまうために拡大しないようなのですが、感染したら死に至るウイルスです。

さらにカリシウイルス科の中には、ウサギに感染する**ウサギ出血病ウイルス**というものもあります。このウイルスがウサギに感染すると鼻から出血したり、全身臓器から出血したりして、死に至ります。*

ヒトに感染するノロウイルスやサポウイルスは、下痢や嘔吐を起こすくらいで留まっていますが、これらのウイルスと近縁のウイルスには、死に至る疾患を起こすものがあるわけです。

これらの動物ウイルスが、変異してヒトに感染するようになる、あるいは現在流行しているノロウイルスやサポウイルスが、ヒトにとって恐ろしいウイルスに変異する可能性があります。カリシウイルス科のウイルスは、ノロウイルスと同様にエンベロープをもたず環境中に安定して長期間生存する（感染性を保持する）ことができます。しかも、わずかな量で感染するわけですから、ヒトに感染するウイルスに変異した場合や既存のウイルスが強毒化した場合には、非常に恐ろしいウイルスになってしまうかもしれません。

マダニが媒介する致死性のウイルスはすでに広がり始めた

近年、マダニに嚙まれて重症熱性血小板減少症候群（ＳＦＴＳ　severe fever with thrombocytopenia syndrome）になって亡くなる人の例がときどき報道されています。公式的には75人（２０２０年12月20日現在）が死亡していることになっていますが、感染したことに気づかずにもっと多くの人が亡くなっている可能性もあります。

ＳＦＴＳは、病名の通り血小板が減少する病気です。死亡率は33％程と非常に高い。ＳＦＴＳを起こす原因は、ブニヤウイルス科のウイルスである**重症熱性血小板減少症候群ウイルス**（ＳＦＴＳＶ）です。

私は、２００３年に「次はブニヤウイルス科の新興ウイルス感染症が先進国に蔓延するのではないか」と警告していました。

ブニヤウイルスは様々な動物に感染するウイルスです。ダニが媒介しますので、動物と接触しなくても人に感染することもあります。ブニヤウイルスの中には怖いウイルスもあるので警鐘を鳴らしたわけです。

中国でSFTSの症例が報告され始めたときには、「ついに来たな」という思いがしました。日本国内の感染例は最初は九州や中国地方だったのですが、だんだん北上していきました。現在の北限はどこまで伸びているかはっきりしていませんが、少なくとも東京までは来ています。野生動物ではシカの感染が多く見られます。

同じブニヤウイルス科の中に、アカバネウイルス、シュマーレンベルグウイルスというものがあります。ウシのウイルスですが、アカバネウイルスは日本でも流行し大問題になりました。ヨーロッパでは、現在シュマーレンベルグウイルスが流行していて、危機感をもっています。

また、アイノウイルスというものがあり、これはアカバネウイルスが引き起こす症状に似た症状を起こします。成牛は感染しても不顕性(ふけんせい)感染で、何の病気も発症しない。ところが、妊娠した母ウシが感染すると、流産、死産あるいは、先天性異常の子ウシが生まれてしまう。大脳欠損になることもあり、写真を見ただけで衝撃を受けます。子ウシが生まれてくるのですが、脳幹だけがあって、その周りに大脳がまったくない。大脳がありませんので、生きていくことはできません。子供を産んだ母ウシはまったく正常で、何の症状もないのに、子ウシが生まれてみると、大脳がないというめちゃくちゃ恐ろしいことが起こります。

このようなウイルスが人に感染するようになったとしたら、まさに恐怖です。

これらのウイルスは、ウイルスのゲノム（遺伝子のひとそろいをゲノムと言います）構造として、分節型というものであり、３分節に分かれています。１０２ページで分節型のウイルスの特徴について説明しますが、簡単に言えば、分節をまるごと取り替えることによって変異しやすい性質をもっています。変異が起こりやすいウイルスですから、人に感染するようになってもおかしくはありません。

その他の恐ろしいウイルスとしては、カンガルーの目が見えなくなってしまうウォーラルウイルス、牛の舌が青くなるブルータングウイルスなどがあります。ヒトに感染するウイルスに変異すれば、目が見えなくなったり、チアノーゼ（血中の酸素が少なくなる状態）になったりするなどの恐ろしいウイルスとなる可能性があります。

これらは、レオウイルス科の中のオルビウイルスという属に分類されるウイルスであり、ゲノム構造としては10本の分節に分かれています。どこかの分節が変われば、人に感染するウイルスに変異する恐れがあります。

感染すると水を怖がるようになる狂犬病ウイルス

宿主の行動を変えてしまうウイルスも恐ろしい。その代表が、**狂犬病ウイルス**です。イヌが狂犬病ウイルスに感染すると、刺激に極めて過敏に反応し、狂躁状態になり、目の前にあるものに噛みつくようになります。狂犬病ウイルスは唾液の中にウイルスが出ますから、凶暴性を増して噛みつくことによって、他の個体に伝播していきます。ウイルスの生存戦略としては非常に賢い戦略ですね。

人が狂犬病ウイルスに感染して発症すると、水を飲むときに、その刺激で咽喉頭や全身の痙縮が起こり、苦痛で水が飲めなくなってしまいます（恐水症）。死後の脳を病理組織学的に検査すると、脳の細胞内にネグリ小体と呼ばれる封入体（細胞内構造物）が観察されます。狂犬病ウイルスは噛まれたところから神経を伝って脳に到達し、脳の細胞で増殖するのです。

このほか、東大の研究グループは、**カクゴウイルス**というものを発表しています。* カクゴは日本語の「覚悟」から名付けられました。攻撃性の高いミツバチとそうでないミツバチの脳を取って、ＲＮＡの発現状況を調べると、攻撃性の高いミツバチの脳はピコルナウイルス科に分類されるウイルスに感染していました。攻撃性をもつようになることが疑われたことから、このウイルスはカクゴウイルスと命名されました。

攻撃性の低いミツバチにカクゴウイルスを感染させたときに、攻撃性が高まったかどうかの実験はされていないようですから、確かなことは言えませんが、攻撃性を高めているとすれば、宿主の行動を変えるウイルスと言っていいでしょう。ミツバチが凶暴性を高めることによってウイルスにどんなメリットがあるのかはよくわかっていません。

まだありますよ。主にウマに感染する**ボルナウイルス**は、ネコやヒトにも感染し、神経細胞にまで入り込むと見られています。ネコに感染した場合は、神経細胞がやられて歩けなくなってしまい、ヨロヨロ病と呼ばれています。このボルナウイルスは、人にも感染して、精神疾患を起こすことを示唆する研究もあります。ただし、差別につながりかねないという理由から、あまり言及されないウイルスです。

がんが空気感染する怖すぎるウイルス

ニワトリにリンパ腫（リンパ球ががん化した病気）を起こすマレック病というものがありますが、この病気を引き起こすのが**トリヘルペスウイルス1型（別名：マレック病ウイルス）**です。このウイルスはニワトリの羽根の根元でさかんに増殖します。ニワトリがバサバサッと羽ばたくと、ウイルスが飛び散り、他のニワトリに一気に感染が広がっていきます。1か月くらい経つと、感染したニワトリはみんなリンパ腫になって死んでしまいます。*

がんが空気感染するのですから、とても恐ろしいウイルスです。

トリヘルペスウイルスはDNAウイルスで、150kbp〜200kbp（塩基15万〜20万個。kはキロで「千」の意味。bは塩基の個数。Pはpairで二本鎖であることを示す）くらいの長い配列のDNAゲノムをもっていますが、配列の中身を調べると、がん遺伝子に似た配列があり、それが原因ではないかとも考えられています。*また、非常に面白いことに、レトロウイルスの配列が丸ごと入ったトリヘルペスウイルスも知られています。*つまり、ウイルスの中に別のウイルスが入っていたのです。レトロウイルスは9kbp〜10kbp（塩基9000〜1万個）の長さで、トリヘルペスウイルスと比べると短いウイルスですから、入り込んだのでしょう。

同じことが人のヘルペスウイルスで起こったら大変なことになります。人のヘルペスウイルスの中にレトロウイルスの1つであるＨＩＶが入り込めば、ヘルペスに感染するとエイズになるという恐ろしいことが起こってしまう。今のところ、そのような例はありませんが、人工的に作り出すことは可能でしょう。

人間を対象とした医学研究者は、人のウイルスしか見ていませんから、「そんなことは、ありえない」と言うのですが、私たち獣医は、野生動物の世界の「ありえないウイルス」をたくさん見ています。いつかはありえないことが人のウイルスにも起こるのではないかと懸念しています。

危険なウイルスがほとんど研究されていない

ＭＥＲＳ（中東呼吸器症候群）コロナウイルス、ＳＡＲＳ（重症急性呼吸器症候群）コロナウイルスは、ともにコウモリからやってきました。ＭＥＲＳは、コウモリからヒトコブラクダに感染し、それがヒトに感染したと考えられています。ＳＡＲＳは、コウモリからハクビシンを介してヒトに感染したと言われています。

ＭＥＲＳコロナウイルスも、元々の宿主はコウモリです。コウモリにとっては、それらのコロナウイルスは非病原性であると見られています。下痢くらいは起こすかもしれないけど、特に影響はないのでしょう。

つまり、コウモリはＭＥＲＳコロナウイルス、ＳＡＲＳコロナウイルスに感染して共存をしているわけです。もしかすると、コウモリにとっては、コロナウイルスは都合の良いウイルスなのかもしれません。

コウモリの中で共存していたコロナウイルスが、コウモリの体内で起こるのか、あるいは、別の動物に入ってから起こるのかはわかりませんが、ウイルスのゲノムの組換えが起こって、人に感染して増殖するウイルスに変化すると、ヒトＭＥＲＳコロナウイルス、ヒトＳＡＲＳコロナウイルスになります。これらのコロナウイルスは、ヒトにとっては病原性をもったウイルス、ということになります。

動物のウイルスが別の種の動物に感染したときには、多くのウイルスはあまり増殖できません。感染したとしても新しい宿主間で広がらずその個体の感染で終わります。ところが、ごくまれに別の種の動物に感染すると、ドンピシャの相性でよく増殖し、病気を引き起こすことがあるんです。こうしたものが新興ウイルス感染症となるのです。

「ウイルス（virus）」という言葉は、語源はラテン語で「病気や死をもたらす毒」という意味です。中国ではウイルスは「病毒」と表現されます。歴史的に見ても、病気を調べることでウイルスは発見されてきました。一般的に「ウイルスは病気を起こすもの」と考えられているため、ウイルス研究は病気との関係で行われているものばかりです。

しかし、人に病気を起こすSARSコロナウイルスもMERSコロナウイルスも、コウモリなどの元々の宿主の中では非病原性であり、病気を起こさないと思われます。ここが非常に重要な点です。

病気を起こすウイルスであれば、研究者たちは一生懸命に研究をします。逆に、人にも動物にも病気を起こさないものは、ほとんど研究されません。

前述しましたが、自然界には、動物を宿主としているときには何の病気も引き起こさないのに、人に感染すると恐ろしい病気を引き起こすウイルスがたくさん潜んでいる可能性があるにもかかわらず、そのほとんどはまったく研究されていないんです。

人の体から、血液を採取したり、便を採取したりして調べていくと、様々なウイルス由来の塩基配列が見つかります。これらは、病気を起こしていないものが多いですから、研究はされていません。

動物の体の中にもたくさんのウイルスが潜んでいますが、非病原性であるため、ほとんど研究されていません。

つまり自然界には、まったく研究されていない未知のウイルスが山のようにあるということです。

これからは、「三次元」のウイルス学（多次元ネオウイルス学）の時代だ

これまで非病原性のウイルスへの研究はあまり進んでいませんでした。しかし、「次に来るウイルス」に対処するためにも、非病原性のウイルスへの研究は必要不可欠と言えます。

そして、ゆくゆくは病原性のウイルスも非病原性のウイルスもひっくるめて、網羅的に相関関係を示す全体像を示さなければならないと思っています。そのために、ウイルス学は「次元」を高めなければなりません。

今までのウイルス学はゼロ次元でした。どういうことかというと、研究者は一種のウイルス、あるいは一種の宿主の専門家となり、1つあるいは少数のウイルスを深く深く研究していました。いわば、「点」の研究にとどまっている状態です。

次元を1つ上げて、点を線にしてみます。線には、横の線と縦の線がありますが、横の線

は、新型コロナウイルス感染症のような、人獣共通感染症や新興感染症の研究になります。例えば1つの感染症について、ウイルスが異なった宿主の間をどのようにジャンプしていくのかを辿ったり、ウイルスがどのような変異を遂げたかを調べたりします。一方、縦の線は時間軸を設けるやり方で、あるウイルスが過去から未来へどう変化したか、どう進化してきたかを探ります。

さらに次元を1つ上げて、二次元になると、点が面になります。すなわち、一種の宿主の中に何種類のウイルスが潜んでいるか、あるいは、土壌や水圏（川、池や海）などの環境の中にどのようなウイルスが存在し、どのような関係を結んでいるのかを研究する段階です。最終的な目標は、生物全体を網羅したウイルスの分布図や相関関係を明示することになるでしょうが、まずは人と家畜の間におけるウイルスについて調べ、それから野生動物にも広げていく……という順序になります。

では三次元のウイルス学はどうなるかというと、「面」に時間軸が加わります。違う宿主のウイルスの関係を、時間を追って追跡する学問になります。

例えば、前述したサルレトロウイルスは、約1200万年前にウサギに感染したウイルスで、現在は胎盤形成に関与する内在性レトロウイルス（第6章参照）と遺伝的に近縁であることがわかりました。さらに、サルレトロウイルスはネコの内在性レトロウイルス、ヒヒの内在性レトロウイルスとも近縁だったんです。「近縁」というのは、ウイルスの遺伝情報（配列）が似ているということです。数百万年前の地中海沿岸でネコとヒヒに同じようなウイルスが感染したこともわかっているのです*。

これらのサルレトロウイルスは、ウサギの胎盤形成に関与する内在性レトロウイルスが、何らかのウイルスと組換えを起こして、復活したと考えられます。このように三次元で考えることで、ウイルス進化の過程を正確につかむことができるようになるのです。

この三次元のウイルス学は、時間のスパンによって大きく2つの分野に分かれます。1つはシャロー（浅い）な古代ウイルス学で、おおむね1万年くらいのスパンでウイルスの進化を追跡します。エイズの原因ウイルスであるヒト免疫不全ウイルス（HIV）の研究などはこちらになります。もう1つはディープ（深い）な古代ウイルス学で、私たちは2億年くらいのスパンで考えます。私たちが行なっているレトロウイルスの研究がこちらに属します。本書でのちほど詳述しますが、レトロウイルス（もしくはそれに関連するウイルス）は少なくともおよそ4億年前には地球上に出現したと思われます。そのウイルスは、宿主の生殖細胞に入り込んだウイルスで、ゲノムの配列が子々孫々受け継がれて保存されています。ですから、その変化の過程や、宿主に与えた影響を追跡することができるのです。

ウイルス学の次元を変える技術革新

ウイルス学を次元で捉えるのは、私が２０１５年12月に考えて発表した概念です*。昔は遺伝子の解析をするのがすごく大変で、二次元や三次元の研究など到底無理だったのですが、２００８年以降に「ムーアの法則」（集積回路あたりの部品数が毎年2倍になるという法則。毎年2倍の進化を遂げていくことを指す）をはるかに超える勢いで急激な技術革新が起こり、時間もコストも圧倒的に節約することができるようになって、多次元ネオウイルス学が現実味を帯びるようになりました。

どのような技術革新が起こったかというと、ＤＮＡやＲＮＡの配列を速やかに決定できるようになったのです。それまでは、ウイルス解析の出発点は病気でした。何らかの感染症の病気が見つかったら、ウイルスを分離、同定して、そこから遺伝子解析を行っていました。しかし技術革新により、病気を発見してウイルスを分離しなくても、病変部だけでなく非病変部にどんなウイルスがあるのか、一日あればわかるようになりました。サンプルからＤＮＡとＲＮＡを抽出して、その配列を解析するのです。どんなウイルスが存在しているのかが先にわかって、それから病気が発見できるようにもなりました。

例えば、ネコの尿にウイルスがいるのではという推測を立てて、ウイルスを同定することができれば、そこから腎不全などの病気を起こしていることがわかる、といった具合です。ネコモルビリウイルスはそのやり方で発見されました。*

このように、遺伝子解析が非常に楽になったことで、二次元、三次元のウイルス学が可能になりました。ただ、多次元のネオウイルス学は、遺伝子解析の技術があればすぐにできるわけではありません。動物学、繁殖学、医学、バイオインフォマティックス、コンピュータテクノロジーの支えを得ながら、総合的な知見を高めていく必要があります。

ヒトの動きがグローバルになった現在、ウイルス学も進化しなければならないのです。多次元ネオウイルス学の研究を進めていけば、予測ウイルス学、進化生物学の発展にも寄与することができます。

社会的にも、科学的にも大きな貢献を果たすことができるのです。

第2章

人はウイルスとともに暮らしている

人間はウイルスをもった野生動物と暮らしている

前章で、新興ウイルス感染症となりうる、動物界のウイルスについて紹介しました。新型コロナウイルス感染症（ＣＯＶＩＤ－19）の原因ウイルス（ＳＡＲＳ－ＣｏＶ－２）をもっていたと言われるコウモリだけではなく、様々な動物が、人間にウイルスを媒介します。

私たち人間は、様々な動物に囲まれて生きています。イヌ、ネコなどのペット。ウシ、ブタ、ニワトリなどの家畜。ウマ、ヒツジ、ラクダ。さらには野生動物など、いろいろな動物が周りにいますね。

都心に住んでいる人は、地上では野生動物をあまり見かけないかもしれませんが、空を見上げるとたくさんの鳥が飛んでいます。また、夕方の空をあちこち飛び回っているのは、ほとんどが野生のコウモリです。

最近は、都心にも野生動物が現れているようです。東京の都心ではハクビシンを見かけたという話も聞きますし、私のいる京都市の鴨川ではヌートリアを見かけた人もいます。私の自宅付近ではシカが普通に歩いています。また、近所にクマが出没したこともあります。

野生のサルが山から降りてきている地域もあります。山の中に入っていけば、サル以外にもクマ、イノシシなどたくさんの野生動物と出会います。

中国やアフリカでは、野生動物を食べる習慣をもつ地域がありますから、野生動物はさらに身近な存在でしょう。

２００２年から２００３年にかけて流行したＳＡＲＳ（重症急性呼吸器症候群）は、コウモリやハクビシンから人間にウイルスが感染したと考えられています。２０１２年に流行したＭＥＲＳは、コウモリからヒトコブラクダ、ヒトコブラクダから人間にウイルスが感染したと言われています。

ＭＥＲＳコロナウイルスもＳＡＲＳコロナウイルスも、いずれもウイルスの種類としてはコロナウイルス（ベータコロナウイルス）です。

２０１９年末から流行した「新型コロナウイルス」と呼ばれているウイルスは、ＳＡＲＳコロナウイルスの近縁種であり、ＳＡＲＳ－ＣｏＶ－２（ＳＡＲＳコロナウイルス２型）というものです。

動物は、人間に感染すると危険なウイルスをたくさんもっています。

身近な動物であるイヌには、狂犬病ウイルスがあります。イヌに噛まれて狂犬病に感染して発症すると、人は死にます。ブタにはニパウイルスがあり、１９９８～99年に東南アジアで流行し、脳炎の患者が続出しました。ウマにはヘンドラウイルス、鳥には高病原性鳥インフルエンザウイルスがあります。

このように様々な野生動物から、ヒト新興ウイルス感染症はやってきます。

毎年、数個のヒト新興ウイルスが現れている

新型コロナウイルス（SARS－CoV－2）による感染症が広がって、初めてヒト新興ウイルス感染症（新しく認知されたウイルス感染症）への感染予防を経験したという人も多いと思いますが、実は、ヒト新興ウイルス感染症は、毎年数個ずつ現れているんです。

図2－1は、2020年に発表されたWWF（世界自然保護基金）のパンフレットに掲載されたグラフですが、1900年以降のヒト新興ウイルス感染症の累計数が掲載されています。*これを見ると、1940年代くらいから急激に増えていることがわかりますね。

急増した理由としては、ウイルスの検出技術が上がったことが挙げられます。新興ウイルスが出てきても、私たちが認識する前にこの世から消えてしまったら、新しいウイルスが出てきたことを誰も知ることができません。

おそらく、過去にも新興ウイルスは毎年いくつも現れていたはずです。

図2－1　ヒト新興ウイルスの出現数の推移

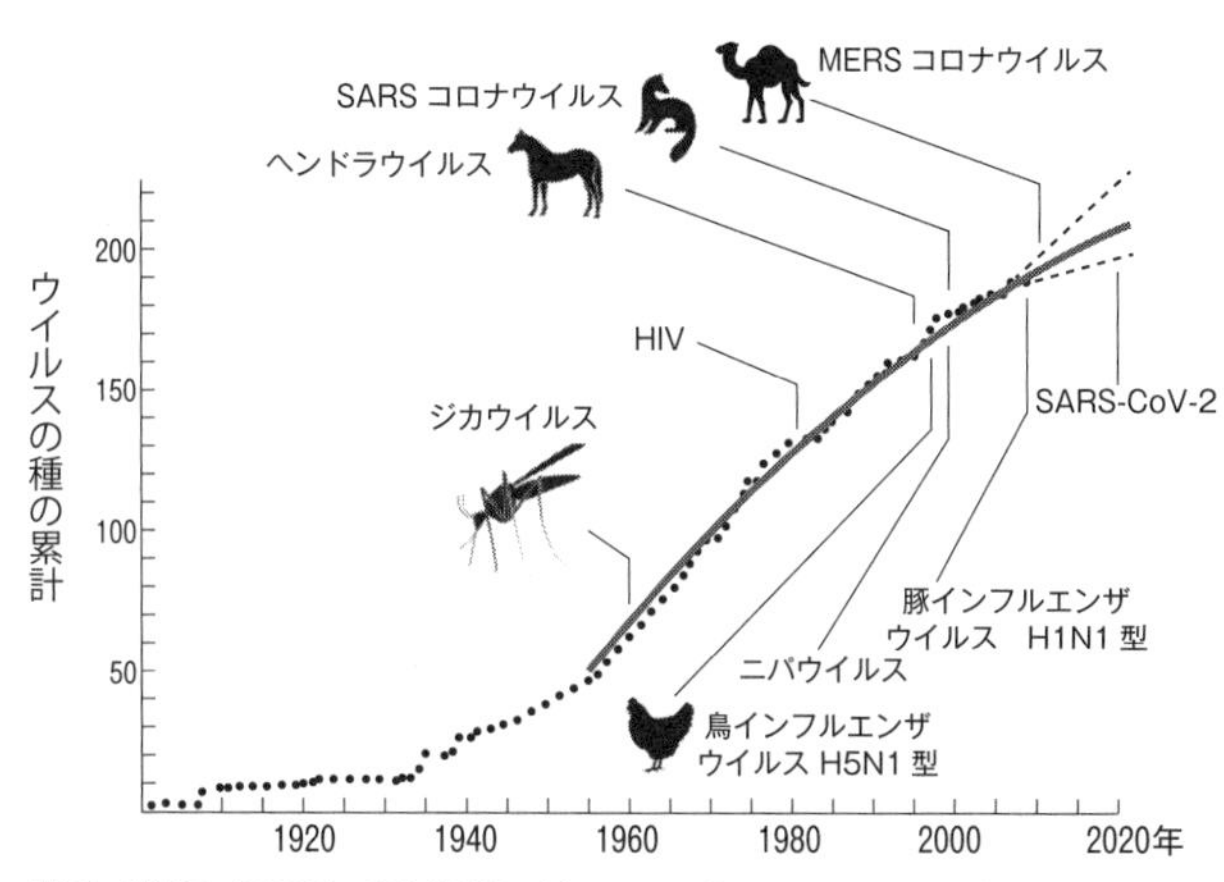

出所：WWF（2020）COVID19：Urgent call to protect people and nature（一部改変）

パンデミックほどの規模にはならなくて、どこかの集落で発生し消滅したという例はあったのではないかと思います。1940年代以前は、検出技術が低かったため、新興ウイルスを認識することができず、ウイルスが登場したことに気がつかなかったのかもしれません。ウイルスとして認識されなかっただけで、新興ウイルスそのものはもっとたくさん現れていた可能性があります。

1940年代以降は、技術が進み、様々なウイルスを検出することができるようになっていきました。

技術は年々進んでいるため、近年は非常に多くの新興ウイルスが認識されています。ＰＣＲ検査のように、少ないウイルスを増幅させて検出する技術もあるため、様々な新興ウイルスを検出できるようになりました。

グラフの１９８０年から２０２０年の40年間を見ると、１００個くらいの新興ウイルスが出てきています。毎年、２、３個のペースです。

新型コロナウイルス（ＳＡＲＳ－ＣｏＶ－２）は、毎年2、３個の新興ウイルスが出てきている中の１つという位置づけができます。

「新型コロナウイルスは、突然現れたウイルス」というイメージをもっている人が多いと思いますが、実際には、頻繁に現れている新興ウイルスのうちの１つです。ただ、新型コロナウイルスは感染規模がめちゃくちゃ大きく、一気に世界に広がってしまいました。

なぜウイルスが広がるようになったのか？

昔は、地球上のある地域でヒト新興ウイルス感染症が広がったとしても、その限られた地域で広がって終わりでした。

ところが、今は、世界中に広がりやすくなっています。その理由は、主には3つほど考えられます。

１　都市化
２　交通の発達
３　戦争

新型コロナウイルスは、中国から世界に広がりました。中国が以前のように、あまり地域間の移動が活発ではない国であったとしたら、中国の一部地域のみの感染症で終わったかもしれません。

しかし、現在の中国は都市化し、人々が密集して住んでいます。自動車や電車などの交通手段も発達し、感染地域と周辺の往来が盛んです。また、経済が発展して中国人は豊かになりましたので、飛行機に乗って世界中を観光旅行しています。

２０１９年に新型コロナウイルスが登場した当初は、感染は中国国内で収まっていました。中国との行き来がなければ、封じ込めに成功したかもしれません。

しかし、新型コロナウイルスに感染した中国人が世界中に移動し、また、世界の人たちが中国と行き来することで、新型コロナウイルスは世界規模のパンデミックとなったのです。

戦争もウイルスを広げる大きな要因です。ＨＩＶ－１（ヒト免疫不全ウイルス１型）が広がったのは、アフリカ内での戦争が１つのきっかけだったと見られています。傭兵（ようへい）として他国に行って戦った人がＨＩＶ－１に感染して、戦争後帰国して、ＨＩＶ－１が広がったという説もあります。

第一次世界大戦の末期に流行したスペイン風邪（インフルエンザ）は、戦争で物資が不足しており、抗生物質もまだ発明されておらず、病院の衛生状態も良くない状況下で広まったため、２次感染により多くの死者が出ました。

スペイン風邪は非常に危険なインフルエンザだったと言われていますが、スペイン風邪を起こしたインフルエンザウイルスが本当に高病原性だったかどうかは疑問です。仮に、スペイン風邪が今の先進国で流行した場合に、当時ほどの被害が出るとは思えません。現在の先進国は衛生状態も良く、食料も物資も不足しておらず、医療も非常に発達していますから、第一次世界大戦末期ほどの死者は出ないでしょう。

戦争は、兵士の移動があり、医療資源が不足し、物不足、食糧不足の状態を生みますので、ウイルス感染症が広がる大きな要因になるんです。

ウイルスが発生・拡大する13の要因

都市化、交通の発達、戦争などが、ヒト新興ウイルス感染症が広がるようになった主な要因ですが、教科書的な説明としては、ヒトの新興ウイルス感染症発生・拡大の要因として、次の13個が挙げられています。*

1　病原体の適応・変異

ヒト新興ウイルスは、元々は動物がもっていたウイルスで、ヒトに感染しなかったものです。動物からヒトに感染するようになったのは、病原体の適応・変異が起こったからです。

2　経済発展と土地利用

経済が発展すると、狭い土地に人がたくさん入ってきて密集して生活するようになりますね。すると多くの人が感染するリスクが高まります。

3　人口動態と人の行動様式

図2－2　新型コロナウイルスの死亡者性・年齢階級構造
（2021/2/1時点）

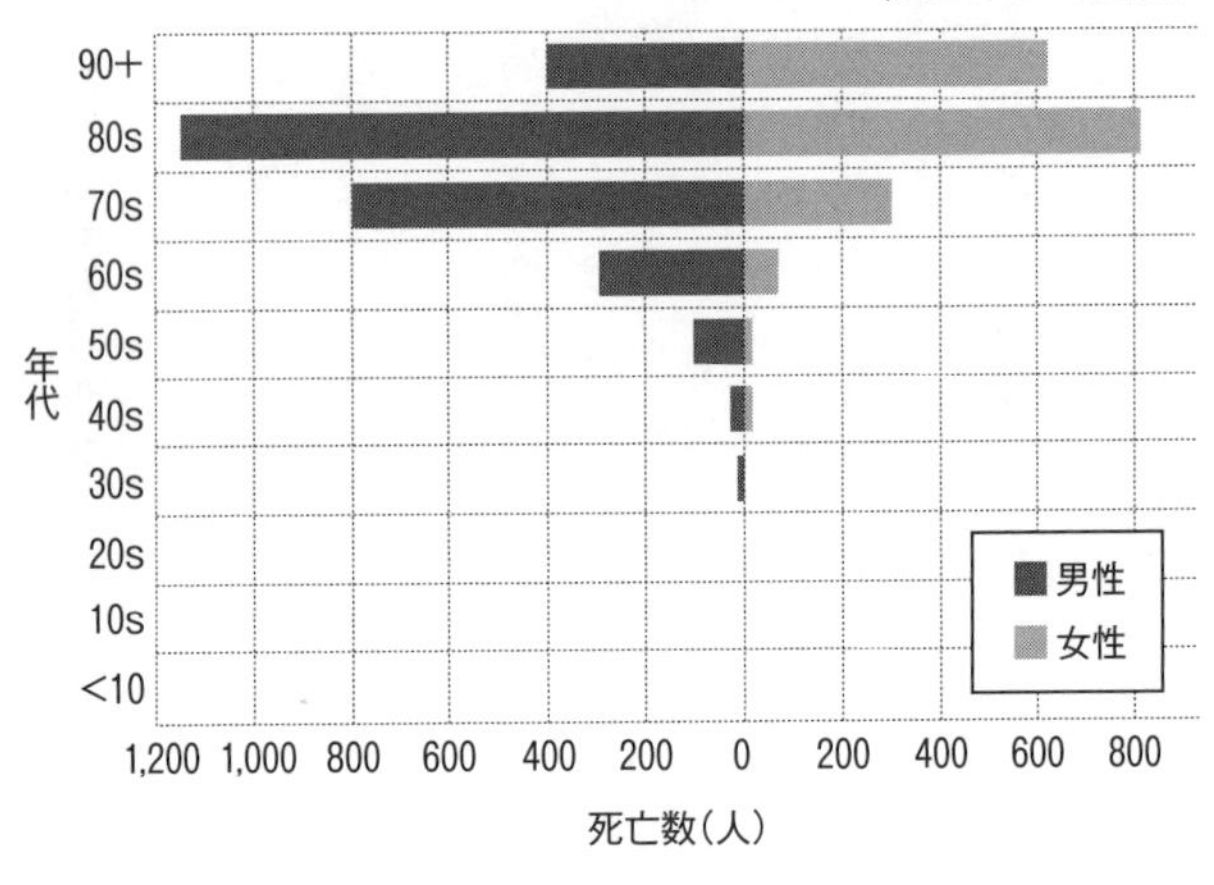

（出所：国立社会保障・人口問題研究所）

人口動態も感染拡大の大きな要因です。新型コロナウイルス感染症は、高齢者が重症化することが多く、60歳以下の人はそれほど大きなリスクはありません。先進国は、高齢者の人数が多いため死者が多くなります（図2－2参照）。

実際、高齢者の多いイタリア、アメリカなどでは、新型コロナウイルスに感染して、多くの高齢者が亡くなっています。日本は幸い、イタリア、アメリカほどの死者はいませんが、高齢者が多い国ですから、感染が拡大した場合の重症化リスクは高いと言えます。

一方、平均寿命が70歳程度以下の発展途上国であれば、新型コロナウイルスが広がっても大きな問題にはなりません。ほとんどの人が軽症で済むからです。

感染症の問題は、高齢化率など、人口動態が大きなファクターになっていることは間違いありません。

人の行動様式というのは、社交性、声の大きさ、衛生習慣などです。性にルーズな社会では、性感染症が広がりやすい面があります。

4　国際的な人と物資の移動

人や物資が移動すれば、ウイルスも移動します。国際的な移動があれば、ウイルスは世界に拡散してしまいます。

5　テクノロジーと産業

テクノロジーは、医療分野のテクノロジーなどです。ペニシリンなどの抗生物質は病原菌を殺したり増殖を抑えたりして医療に大きく貢献しましたが、多様化することにより多剤耐性菌の出現という新たな問題を引き起こしました。他にもあります。例えば、ブタなどの動物の臓器を人に移植する研究も進んでいます。異種移植によって、ウイルスが動物から人に移り、医原性の感染が起こる可能性もあります。

6　公衆衛生基盤の破綻

感染症は、衛生状態とも密接に関連しています。公衆衛生基盤が破綻すれば、ウイルスは広がりやすくなってしまいます。

7　人の感染症に対する感受性

人の感染症に対する感受性は、ウイルスの流行と関係しています。感受性が高い人が多ければ、ウイルス感染は広がります。今回の新型コロナウイルス（ＳＡＲＳ－ＣｏＶ－２）は、感受性に関しての民族差は少ないようですが、ある民族の遺伝子的な要因によって、その民族だけが特定のウイルスへの感受性が高いという現象は起こりえます。

8　天候と気候

地球温暖化が進むと、蚊が発生しやすくなります。温暖化でウイルスを媒介する蚊が緯度の高い地域まで生息するようになると、途上国の病原体を先進国に運ぶことがあります。

9　生態系の変化

生態系が変われば、ウイルスも影響を受けます。生態系の変化は、新興ウイルスの流行と関係があります。

10　貧困と社会的不平等

貧困は感染症と密接に関係しています。２００９年の新型インフルエンザは、メキシコで最初に流行し、たくさんの人が亡くなりました。ところが、アメリカに入った途端に、あまり死亡者が出なくなりました。その要因としては、メキシコには貧困層が多かったことが関係していると考えられているんです。

同じウイルスでも、先進国と発展途上国では、まったく異なった挙動になることがあります。貧困や社会的不平等によって医療を受けられない人が多ければ、感染が拡大します。

11　戦争と飢饉（ききん）

戦争は兵士の移動がありますし、物資が不足し、医療の状態も悪化します。食糧が足りなくなり、飢饉が起こることもあります。戦争と飢饉は、感染拡大の大きな要因となります。

12　政治的意思の欠如

政治的意思の欠如というのは、政府が怠慢で感染防御策を実施しないことです。

13　意図的危害

意図的な危害として、新しいウイルスを開発してばらまくテロなどが想定されています。バイオテロによって、感染が拡大する可能性がないとは言えません。

がんに対抗する？　役に立つ「有用ウイルス」とは

すべての物事には逆の現象があります。病原性のウイルスがあるのであれば、動物や人の体の役に立つ有用ウイルスもあっていいはずです。

そして実際、役に立つウイルスはちゃんと存在します。

獣医学の世界では、有用ウイルスについては１９７０年くらいから知られるようになりました。

空気感染でニワトリに血液のがん（リンパ腫）を起こすマレック病について紹介しましたが、この病気の生ワクチンのようなウイルスをもっている野鳥やシチメンチョウがいます。その鳥がもっているヘルペスウイルスに感染したニワトリは、マレック病をひき起こすトリヘルペスウイルス１型に感染してもがんを発症しないのです。感染を防ぐのではなく、病気の発症を防ぐウイルスです*。これは有用ウイルスと考えられます。

そして、ヒトの体に役立っているのではないかと考えられているウイルスもあります。例えば、とあるヘルペスウイルスは、感染するとペスト菌に感染しにくいという論文が出ています*。ヘルペスウイルスにかかって喘息が治ったという例も報告されています*。

私たちの研究グループは、がんに対抗するウイルスの研究をしています。

病原性ウイルスそのものががんに対抗しうるものがあり、病原性ウイルスを遺伝子操作して、病原性をなくしてがんに対抗できるようにする研究が世界中で行われています。こうしたウイルスは、腫瘍溶解性ウイルスと呼ばれています*。

私たちは、腫瘍溶解性ウイルスではなく、ウイルスから出る非常に短いＲＮＡである、マイクロＲＮＡに着目しています。そして、がん抑制性のマイクロＲＮＡを出すサルのレトロ

図2－3　ウイルスの中で病原性ウイルスはごく一部である

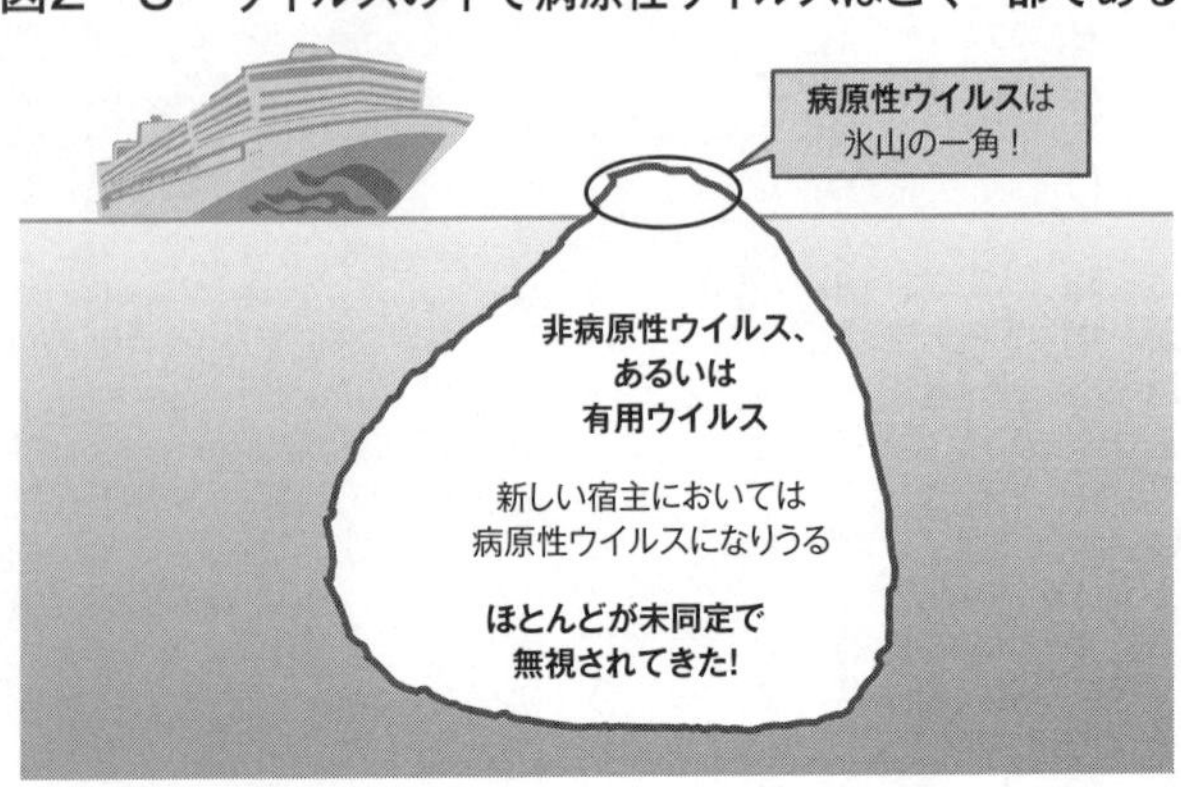

ウイルス（ニホンザルフォーミーウイルス）を研究しています。*

もう1つの有用ウイルス研究として、ウシの非病原性レトロウイルスを研究しています。そのウイルスもマイクロRNAを大量に出しています。

有用ウイルスの研究はまだ少ないですが、今後は新たな有用ウイルスがたくさん見つかると思われます。

わかっているウイルスは、氷山の一角

ウイルス研究を図にしてみると、氷山のような状態になります（図2－3）。研究されているウイルスは、病原性ウイルスばかりで、それらは氷山の一角。海の下には、たくさんのウイルスが隠れています。そこには、危険な病原性ウイルスもあれば、有

用なウイルスもあるでしょう。動物にとっては非病原性ウイルスであるけれども、人に感染すると病原性をもつウイルスもあるはずです。

多くの種類のウイルスが自然界には存在していますが、ほとんどのウイルスは未同定です。研究予算が付くのは、氷山の上のほんの少しの病原性ウイルスのみです。しかし、新興ウイルス感染症は、氷山の下のほうからやってきます。この部分については予算がまったく付いていないんです。

新興ウイルス感染症を予測して、防いでいくには、氷山の下の部分にも予算を投下すべきです。それほど多くの予算が必要になるわけではなく、研究者１人当たり１年間で数百万円の研究費があれば、様々な未知のウイルスの研究ができます。そういう研究者が１０００人いても、数十億円の予算ですみます。

ところが、今は、選択と集中によって、氷山の一角の病原性ウイルスにだけ、多額の予算が投下されている状態です。

既知の病原性ウイルスの研究をすることも重要ですが、非病原性ウイルスや有用性ウイルスを含めて、ウイルスを網羅的に研究していくことが、将来のヒト新興ウイルス感染症の対策としてたいへん重要です。

第3章

そもそも「ウイルス」とは何?

セントラル・ドグマ（タンパク質合成機構）とは

本章では、そもそもの話として「ウイルスとは何か？」を見ていきたいと思います。まず、細胞の基本的な仕組みを説明しておきましょう。

私たちの体を構成している物質はタンパク質です。タンパク質がないと生物は生きていけません。タンパク質を作っているのは、細胞の中のリボソームというところです。いわばタンパク質を作る「工場」です。

工場でタンパク質を作るには「設計図」が必要です。DNA（deoxyribonucleic acid デオキシリボ核酸）が、その設計図に当たります。

DNAは細胞の核の中に入っています。核は、設計図が置いてある「図書館」と考えてみて下さい。

設計図であるDNAは、ヒトでは約30億個の塩基対でできており、つながった非常に長いものであるため、図書館の中から外に持ち出すことができません。図書館内の何十万冊もの本が全部つながっていると考えてみて下さい。それらの本を一度に図書館の外に持ち出すことはできないですよね。

図3－1　逆転写と翻訳のしくみ

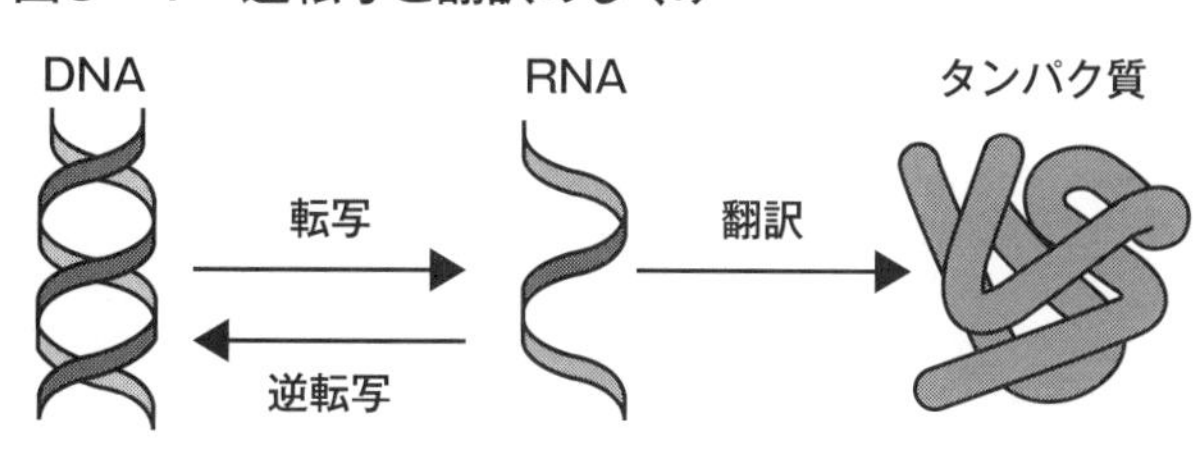

そこで、設計図（DNAの配列）の必要な部分だけをコピー（転写）してRNA（ribonucleic acid　リボ核酸）という手順書を作ります。この手順書を図書館の外の工場に持って行って、手順書通りにタンパク質を合成します。工場にメッセージを伝える役割をするRNAですから、メッセンジャーRNAと呼ばれ、メッセンジャーのmをとってmRNAと表記されます。

DNAからRNAにコピーすることを「転写」と言い、逆にRNAからDNAを作ることを「逆転写」と言います。また、RNAの手順書をもとにタンパク質を合成することを「翻訳」と言います。

タンパク質の合成が終わると、mRNAの手順書はすぐに壊れます。いつまでも手順書が残っているとたくさんのタンパク質ができてしまうため、必要な量と種類のタンパク質ができると、mRNAは消えてしまうんです。

DNAは親から子に受け継がれていくため、遺伝子と呼ばれます。ＤＮＡとそのコピーであるＲＮＡには、遺伝子情報として塩基が配列されています。
塩基はアデニン（Ａ）、グアニン（Ｇ）、シトシン（Ｃ）、チミン（Ｔ）、ウラシル（Ｕ）の５つがあり、ＤＮＡでは、Ａ、Ｇ、Ｃ、Ｔが配列に使われ、ＴとＡ、ＣとＧが対応するペアになります。ＲＮＡではチミンの代わりにウラシルが使われ、Ａ、Ｇ、Ｃ、Ｕで配列されています。

ＤＮＡは、遺伝子情報が配列された螺旋状（らせんじょう）の鎖が２本の対になっています。ＲＮＡは、遺伝子情報が１本の鎖でできています。

細胞の中の一連の流れは、設計図をコピーして、工場に持って行って、タンパク質を作るという流れです。つまり、ＤＮＡ→ＲＮＡ→タンパク質の流れとなっています（図３－１）。

細菌も含めてすべての生物はこの流れで成り立っていますから、セントラル・ドグマ（中心教義）と呼ばれています。生物学では長い間、セントラル・ドグマ以外の流れはないと考えられていました。

ところが、レトロウイルスは、セントラル・ドグマとは逆の動きをしていることが１９７０年にわかったんです*。

レトロウイルスについては、第５章で詳しく説明しますが、簡単に言うと、「レトロ」というのは「逆」という意味で、ＲＮＡからＤＮＡを作り、それを核の中のＤＮＡに書き加えてしまいます。レトロウイルスは宿主のＤＮＡにウイルス由来のＤＮＡを書き加えてしまう特徴を持っています。

「ウイルス」とは何か？

ウイルスは、遺伝情報を包んだ粒子です。

大きく分けると、ＤＮＡ型のウイルスとＲＮＡ型のウイルスがあります。ＤＮＡをもっていて、それをタンパク質の殻で包んでいるのがＤＮＡ型ウイルス、ＲＮＡをもっていて、タンパク質の殻で包んでいるのがＲＮＡ型ウイルスです。さらに、その周囲をエンベロープと呼ばれる脂質の膜で覆っているウイルスもあります。

ウイルスは設計図や手順書をもっていますが、工場（リボソーム）はもっていません。ですから、ウイルスは自分自身では増殖することはできません。ウイルスは生物に感染して宿主の細胞の中に入り込み、宿主の細胞内の工場を利用して、増殖していきます。

ＲＮＡ型ウイルスの例で説明しますと、ＲＮＡはタンパク質を作る手順書ですから、その手順書を細胞内の工場リボソームに持って行きます。細胞にとっては偽の手順書ということ

図3－2　ウイルスの構造

エンベロープ
（脂質性の膜）
カプシド（タンパク質の殻）
核膜（DNA or RNA）
エンベロープウイルス

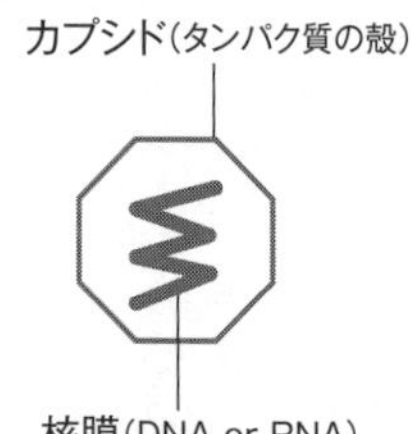

ノンエンベロープウイルス

になりますが、工場は手順書通りにタンパク質を作ってしまいます。作られたタンパク質にはRNAの複製をする酵素も含まれており、ウイルスのRNAを次々と複製していきます。

複製されたRNAをタンパク質の殻の中に入れて、ウイルスは複製されていきます。細胞分裂は2倍にしかなりませんが、ウイルスは一度にたくさんの複製を作って増殖することができます。

複製された多数のウイルスが細胞の外に飛び出していき、別の細胞に感染して、同じことを繰り返します。

ウイルスが細胞に感染するために、エンベロープの膜を使っているウイルスもあります。宿主の細胞からウイルスが出るときに、宿主の細胞膜を被って出てくるのです。つまり拝借しているということです。細胞の膜を通って内側から外に出て行くときに、細胞の膜をいただいて、自分の身にまとって出て行くんです。

「DNA型ウイルス」と「RNA型ウイルス」がある

私たちの体の中のDNAは2本鎖でできており、RNAは1本鎖でできていますが、ウイルスの中には、DNAなのに1本鎖のものもあれば、RNAなのに2本鎖のものもあります。例えばパルボウイルスは1本鎖のDNAウイルスで、ビルナウイルスは2本鎖のRNAウイルスです。

RNAの鎖には、プラス鎖とマイナス鎖があります。プラス鎖のRNAは、RNAを直接リボソーム（工場）に持って行ってタンパク質を作れますが、マイナス鎖のRNAはタンパク質を作れません。マイナス鎖のRNAは、いったんプラス鎖のRNAに戻して、プラス鎖のRNAをリボソームに持って行ってタンパク質を作ることになります。

整理すると、ウイルスは次の7つに分類されています。

1　2本鎖DNA
2　1本鎖DNA

3　2本鎖RNA
4　1本鎖RNA　プラス鎖
5　1本鎖RNA　マイナス鎖
6　1本鎖RNA　プラス鎖　逆転写
7　2本鎖DNA　逆転写

新型コロナウイルスを含むコロナウイルスは、4番目の分類に含まれ、1本鎖RNA（プラス鎖）のウイルスです。

また、6番目の分類（1本鎖RNA　プラス鎖　逆転写）は、レトロウイルスと呼ばれます。レトロウイルスとか「逆転写」については、後ほど詳しく解説します。

ウイルスは細胞より圧倒的に小さい

ウイルスがどのくらいの大きさかを確認しておきましょう。

ウイルスの種類にもよりますが、ウイルスは非常に小さく、30〜400ナノメートル（1ナノメートル＝100万分の1ミリメートル）くらいです。1ミリの3万分の1〜2500分の１くらいの大きさなのです。

　ウイルスは細胞の中に入っていきますが、細胞の大きさと比較してみると、その小ささがわかります。

　例えば、リンパ球の細胞は7～12マイクロメートル（１マイクロメートル＝１０００分の１ミリメートル）くらいです。ちなみに、リンパ球は丸いイメージをもたれていますが、実は足のようなものを出していて、毛むくじゃらの形をしています。

　ウイルスの直径は、１個の細胞の直径の中に１００個分のウイルスが並ぶくらいの大きさです。

　私がかつて教えていた大学の畜産学科の学生に「ウイルスの形を想像して描いて下さい」と言うと、多くの学生が、足のついたウイルスの形を描きました。足のついたウイルスは細菌に感染するウイルス（ファージといいます）です。しかし、哺乳類に感染するウイルスは、正二十面体、球形、長円形、弾丸状、不定形など多様です。ほとんどのウイルスは、４００ナノメートル以下ですが、例外的にフィロウイルスという１５００ナノメートルくらいの紐状のウイルスもあります。下等な原生動物ではこれ以外にも違った形状のウイルスが次々と見つかっています。

ウイルスは地球上にどのくらいいるのでしょうか。

海水を採取して調べてみると、大量のウイルス（深海では1mℓに100万個、沿岸の海水では1億個）が見つかっています。* それらのほとんどは、未同定のウイルスです。どんなウイルスか、どんな働きをしているのか、まったくわからないウイルスばかりです。

物質量（カーボン（炭素）量）で見積もると、人類全体より、地球上のウイルス全体のほうが重いと推測されています。一つひとつのウイルスは非常に小さいものですが、大量のウイルスがいるため、重量換算すると、ウイルスのほうが人間より重くなるんです。

ウイルスの定義の移り変わり

ウイルスはとても小さなものですが、感染すると細胞に大きな影響をもたらします。もともとウイルスは「病気を引き起こす存在」として発見されました。前述したように、ラテン語の「病気や死をもたらす毒」が語源で、中国では「病毒」と表現されます。

ノーベル生理学・医学賞を受賞したアンドレ・ルヴォフによるウイルスの定義は次のようになっています。

ウイルスとは

「感染性をもち、厳密に細胞内寄生性で、潜在的に病原性のものであり、1種類の核酸をもち、遺伝物質の形で増殖し、2分裂では増殖せず、エネルギー産生のための一連の酵素を欠いている」

この定義のうち、「潜在的に病原性のものであり」という部分は、研究が進んだ現時点では正しくありません。病気を起こさないウイルスがたくさん見つかっていますから。むしろ病原性ウイルスはごくわずかで、ほとんどは非病原性ウイルスであろうと考えられています。

「1種類の核酸をもち」という部分も、厳密に言うと、正しいとは言えません。DNAとRNAの両方をウイルス粒子の中にもっているウイルスがあるからです。

「2分裂では増殖せず」というのは、細胞内にウイルスが1個入ると、分裂で2倍に増えるのではなく、一気に100個、1000個が作られて増えていくということです。

「エネルギー産生のための一連の酵素を欠いている」というのは、ウイルスは自分自身ではエネルギーを作れず、細胞に寄生して細胞内部に入って、細胞のエネルギーを使ってウイルス粒子を作ってもらうという意味ですね。
現在の教科書的には、次のような定義となっています（アレンジを加えています）。

現在のウイルスの定義*

①ゲノムはDNAまたはRNAであり、核酸としてDNAかRNAの一方のみをもつ（両方をウイルス粒子の中にもっているものもある）。
②蛋白（たんぱく）合成のためのリボソームをもたず、生きた細胞の中でしか増殖できない。
③2分裂による増殖形態をとらない。増殖過程で暗黒期と呼ばれる感染性を消失する時期がある。
④生活環の中にウイルス粒子を形成する（感染のための構造物を形成する）時期がある。

③はわかりにくいかもしれませんが、細胞の中で、遺伝物質（DNA、RNA）だけになってしまって、タンパク質もなく酵素もなくなってしまったときには、細胞の中で一時的にウイルスが完全に消えてしまうことを意味しています。
細胞内にタンパク質ができて、タンパク質が集まってくると、再びウイルス粒子になりま

す。それが④の意味です。

イメージ的に言えば、細胞内に入ったウイルスが一瞬消えて、またできるというような感じです。

「新型コロナウイルス」とは、どういうウイルスか？

２０１９年に発生した新型コロナウイルス感染症（ＣＯＶＩＤ－19）の原因ウイルスの専門的なウイルス名は、ＳＡＲＳ－ＣｏＶ－２です。２００２～03年に流行したＳＡＲＳコロナウイルス（severe acute respiratory syndrome coronavirus）の亜型です。正式な日本語の名前は確定していませんが、「重症急性呼吸器症候群コロナウイルス２型」ということになります。

ＳＡＲＳ－ＣｏＶ－２の位置づけは、「コロナウイルス科」の「オルソコロナウイルス亜科」の「ベータコロナウイルス属」です。

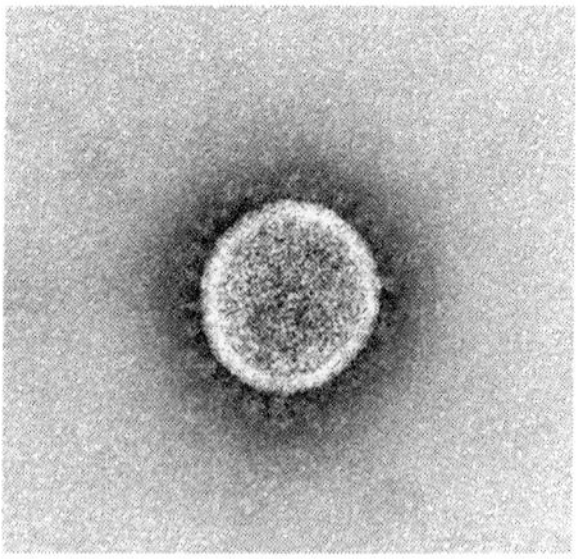

コロナウイルスと呼ばれているのは、ウイルスの周囲が

SARS－CoV－2
写真提供：NIAID

王冠のような形をしているからです。コロナというのは、もともとは太陽のコロナ（太陽の周囲から出ているように見える炎のようなもの）から来ています。王冠は、太陽の周囲のコロナの形に似ているために、コロナと呼ばれるようになりました。*

コロナウイルスは、王冠状に突起が出ており、スパイクタンパク質と呼ばれています。この部分が細胞の受容体とくっついて、細胞に感染するんです。

スパイクタンパク質は、脂質二重膜のエンベロープに刺さっています。前述したように、膜の部分は、ウイルスが作り出した膜ではありません。コロナウイルスが人に感染した場合、複製されたコロナウイルスの膜は人の細胞膜です。コロナウイルスが人の細胞の膜をかぶって、外に出ていくわけです。エンベロープをもっているウイルスはエンベロープウイルスと呼ばれます。

エンベロープは脂質ですから、エタノールなどの有機溶媒に弱い性質をもっています。「新型コロナウイルスは、エタノールが効きますか」と質問されることがありますが、エンベロープをもっていますので、エタノール消毒が効きます。１００％のエタノールよりも70％のエタノールが有効です。

エタノールが効くか効かないかは、エンベロープウイルスかノンエンベロープウイルスかをわかっていれば、即座に判断できます。コロナウイルスのようなエンベロープウイルスは、エタノールが効きます。

「UV（紫外線）はコロナウイルスに効きますか」という質問を受けることもありますが、UVを当てるとウイルスの核酸（DNAまたはRNA）が傷付くので、効果があります。

ノンエンベロープウイルスとしては、動物が感染する口蹄疫（こうていえき）ウイルスがあります。ノンエンベロープウイルスですからエタノールなどの有機溶媒は効きません。前述したように、ノロウイルスもノンエンベロープウイルスです。

「新型コロナウイルス」は多数の遺伝子をもつゲノム配列の長いウイルス

ＳＡＲＳ－ＣｏＶ－２（新型コロナウイルス）は、哺乳類に感染するウイルスとしては最大級のＲＮＡ配列をもったウイルスです。ＲＮＡ配列は30キロベース、なんと3万個の塩基（ＡＧＣＵ）が並んでいます。

エイズを起こすヒト免疫不全ウイルス（ＨＩＶ）のＲＮＡは９０００個くらいの塩基が並んだものですから、ＨＩＶウイルスの3倍以上の長さです。なぜこれほど大きい構造が必要なのかは、よくわかっていません。ウイルス進化の過程で遺伝子を獲得していったのかもしれません。

「塩基配列が長い」というのは、わかりやすく言えば、複雑なゲノム構造であることを意味しています。少なくともコロナウイルスは、単純なゲノム構造ではありません。

SARS－CoV－2の特徴としては、長い配列の中に、小さなタンパク質がいくつもコードされています。「タンパク質をコードする」というのは、「タンパク質を作る配列をもった」という意味です。一部の小さなタンパク質が宿主の免疫系（インターフェロンなど）に対抗していて、病原性や増殖性を決めているのではないかと推測されますが、詳しいことはまだ解明されていません。

専門的なことを言いますと、SARS－CoV－2の一番大きな遺伝子産物は、配列の中で読み枠が1つズレてできる特徴をもっていることです。

遺伝子情報は、例えば「G・A・C」「U・G・G」など、塩基配列を3つごとに区切ってアミノ酸を当てはめて読んでいきます。「G・A・C」ならアスパラギン酸、「U・G・G」ならトリプトファンが当てはまります。ところが、SARS－CoV－2は、3つずつ読んでいくと、途中で読めなくなるところにぶつかります。読み枠を1個ずらして、前に戻って3個ずつ読んでいくと、全部の遺伝子情報がアミノ酸に当てはまり、すべてを読むことができます。これと同じ特徴をもっているのは、エイズを起こすＨＩＶなどのレンチウイルス（レトロウイルスの仲間）です。

コロナウイルスは動物の世界ではメジャーなウイルス

今回のパンデミックで、初めて「コロナウイルス」という言葉を聞いた人が多いのではないでしょうか。今までコロナウイルスという言葉を聞いたことがなかった人は、「コロナウイルスは、きっとマイナーなウイルスだろう」と思ってしまうかもしれません。

しかし、コロナウイルスは、まったくマイナーではなく、とてもメジャーなウイルスなんです。特に、獣医の世界では、コロナウイルスは常に関わらざるをえない一般的なウイルスです。

畜産分野に携わっている獣医は、家畜に病気を起こすウイルスに対処しています。「鳥インフルエンザ」という病気を聞いたことがある人は多いと思いますが、家畜は、インフルエンザなど様々なウイルス性の病気にかかります。コロナウイルスも大きな問題です。

動物ごとに感染するコロナウイルスの種類が違っており、ブタのコロナウイルス、ニワトリのコロナウイルス、シチメンチョウのコロナウイルス、ウシのコロナウイルス、ウマのコロナウイルス、ネコのコロナウイルス、イヌのコロナウイルスなどが、昔から研究されています。

コロナウイルスの中には、宿主の動物に病気を起こすコロナウイルスと、病気を起こさないコロナウイルスがあります。動物は、たくさんのコロナウイルスに感染していますが、研究されているのは病気を起こすコロナウイルスだけで、病気を起こさないコロナウイルスについては、ほとんど研究されていません。つまり、未知のコロナウイルスもたくさんあるということです。

ＩＣＴＶ（International Committee on Taxonomy of Viruses 国際ウイルス分類委員会）のデータベース上には、少なくとも46種のコロナウイルスが登録されています。これらは、ＩＣＴＶで名前が付けられたコロナウイルスのみで、命名しきれないコロナウイルスもたくさんあります。ウイルスの種の定義はしっかりとされていない側面もあります。

データベースには次々と追加されていますので、もしかすると新たなコロナウイルスが出てきて、もっと増えているかもしれません。データベースに登録されたコロナウイルスのすべてを確認したわけではありませんので厳密な数字は言えませんが、「たくさんのコロナウイルスがある」ということは確かです。

「新型コロナウイルス」は、キクガシラコウモリが元の宿主？

ＳＡＲＳ－ＣｏＶ－２（新型コロナウイルス）は、鎧をかぶったような生き物のセンザンコウから来たとイギリスの『ネイチャー』誌に掲載されました。*そのため、センザンコウが由来と言われていますが、元々はキクガシラコウモリがもっているウイルスだと考えられます。もっともこれは確定してはいません。

私は、センザンコウ説には疑問をもっており、キクガシラコウモリの体内で、組換えが起こって、ヒトに感染するウイルスになったのではないかと考えています。ただ、他の動物に2種類のキクガシラコウモリ由来のコロナウイルスが感染して組換えを起こした可能性はあります。

２００２～03年に流行したＳＡＲＳコロナウイルスも、キクガシラコウモリ由来と考えられます。２０１２年に流行したＭＥＲＳコロナウイルスは、ヒトコブラクダからヒトに感染するようになったと言われていますが、ヒトコブラクダは中間宿主のようなものであって、元々はアブラコウモリかタケコウモリ由来と考えられています。

系統樹を見ると、由来がわかります。

図3－3　ベータコロナウイルス属の系統樹

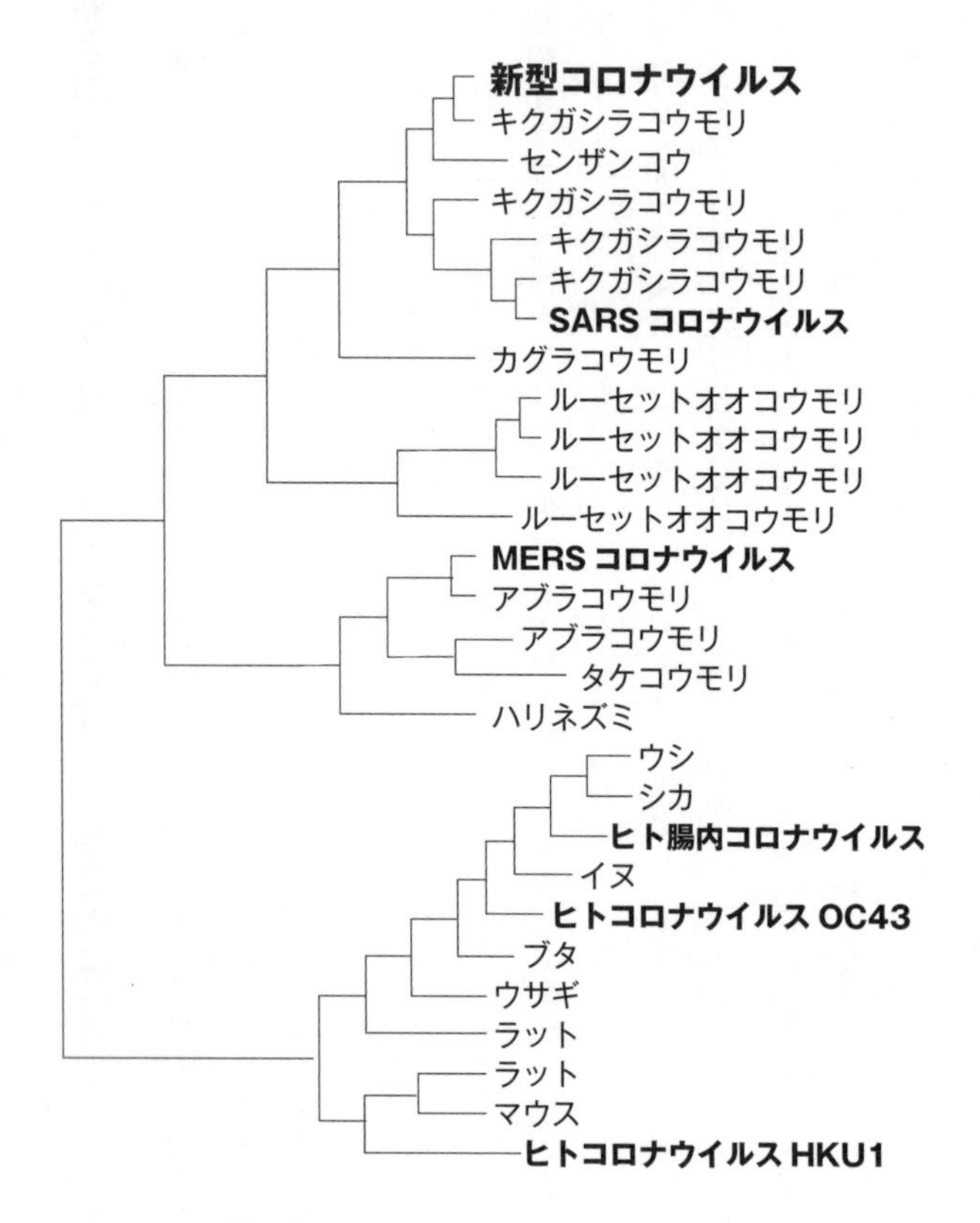

※枝の長さは必ずしも正確ではない

提供：中川　草博士（東海大学医学部）（一部抜粋、一部改変）

風邪のコロナウイルスであるＯＣ43は、イヌやウシ、ブタなどに由来し、ＨＫＵ１は、ラットやマウス由来、ＮＬ63はコウモリ由来、２２９Ｅはラクダもしくはコウモリ由来です。身近な動物の中で、コロナウイルスの遺伝子の組換えが起こって、ヒトに感染するウイルスになったということですね。

動物のコロナウイルスがヒトに感染するようになったことは過去に7回あり、ＳＡＲＳ－ＣｏＶ－２は８回目です。滅多にない特別なことが起こったのではなく、これまで何度も見られた現象に新しいものが１つ加わったということです。

ＳＡＲＳコロナウイルスは、非常に毒性が強いウイルスだったため、多くの人を死に至らしめ、宿主の死とともにこの世から消え去ってしまいました。ＳＡＲＳ－ＣｏＶ－２は、そこまで毒性が強くはないですから、今後もずっと存在し続ける可能性があります。

発展途上国にコロナ感染症が少ない理由の「意外な仮説」

コロナウイルスが引き起こす疾患は、ほとんどは呼吸器疾患か消化器疾患です。例えば、ブタに感染するコロナウイルスの場合、呼吸器型と腸管型の２つがあり、スパイクタンパク質の部分が少し違っているだけです。*

新型コロナウイルス（SARS－CoV－2）は、肺炎などの呼吸器疾患が主な症状とされていますが、消化器疾患も起こしています。

先進国の場合、トイレで大便をして、水で洗い流しますので、糞口感染（便中のウイルスが口の中に感染すること）はあまり起こりません。しかし、発展途上国では大便を川に流したり、田んぼに流したりしていますから、飲み水から感染することがあるでしょう。コロナウイルスが含まれた川の水を飲んでいるかもしれない。発展途上国では新型コロナウイルスは下痢症状中心のウイルスに変異している可能性がないとは言えません。

下痢を起こすコロナウイルスに感染したとしても、免疫はつきます。呼吸器疾患を起こすコロナウイルスが入ってきたとしても、腸管で獲得した免疫によって感染を防御することができます。

カンボジアでは新型コロナウイルスの問題があまり起こっていないと報道されていますが、高齢者が少ないことに加えて、下痢型のコロナウイルスに変異している可能性も捨てきれません。下水システムが発達していない発展途上国では、すでに多くの人が下痢型コロナウイルスに感染していて免疫を獲得し、肺炎型のコロナウイルスを防御しているのかもしれません。

ウイルスも生き残りをかけて進化していきますから、その地域の環境・文化に合わせて、地域ごとに独自の進化をしていく可能性があります。

キスをする文化の国では、唾液の中にウイルスが入り込めれば、拡散力が高まります。ウイルスとしては最高の生存戦略です。咳でしか感染しなければ、感染機会は限定されてしまいますが、唾液中にウイルスが出れば、感染機会は大きく広がり、ウイルスにとっては好都合です。

日本では、飲食店で新型コロナウイルスに感染するケースも多いとされています。ウイルスの生き残り戦略としては、少し毒性を弱めて、感染しても飲食店に行けるくらいの体力を残してあげて、唾液からウイルスが出るようにすること。そうすれば拡散力がぐんと高まります。

動物のコロナウイルスから類推すると、様々な可能性が考えられますので、呼吸器疾患に限定した固定的な見方はしないほうがいいと思います。

新型コロナウイルスに感染して、神経症状が出た例が報告され、医師たちはびっくりしているようですが、私たち獣医は、マウスのコロナウイルスの変異型で脳炎や髄膜炎になることを知っていますから、「ヒトのコロナウイルスでも、まれにはありうるのではないか」という見方をしています。動物のコロナウイルスのように、肺ではなくて脳に向かう神経指向性になる可能性もあります。

ただ、神経指向性だと、そこから他の個体に感染することはしにくくなってしまいますので、その人だけで終わるはずです。

人類は鎌倉時代から「ウィズコロナ」?

「新型コロナウイルスはいつ終息しますか?」と聞かれることがあるのですが、よくわかりません。何十年間も続くかもしれません。

風邪のコロナウイルス229Eは、1968年に発見されました。* それ以降、毎年、病気を起こしています。52年経った今でも風邪を引き起こしていますので、新型コロナウイルス(SARS-CoV-2)も、今後50年くらいは続いてもまったく不思議ではない。

「ウィズコロナ」と言われていますが、我々は少なくとも52年間は、「ウィズコロナ」をしてきました。

風邪コロナウイルスのNL63に至っては、13世紀頃に発生したと推測されています。* 日本で言うと、鎌倉時代あたりに生まれたコロナウイルスです。

古文書に詳しい人に聞いたところ、平安時代にはすでにインフルエンザのような疫病が流行したと思われる記述があるそうです。古文書のデータベースがあり、検索できるそうですから、一度調べてみたいと思っています。もし、古文書の当時の記述に、「味がわからないようになった」とか「砂を噛むような感じがした」という記述があったとすれば、NL63のコロナウイルスだった可能性がありますね。

ちなみに、なぜNL63が13世紀頃に発生したと推測されているかと言えば、麻疹ウイルスの箇所でも触れましたが、変異のスピードの計算に基づいています。ウイルスの変異のスピードを調べることによって、いつ頃そのウイルスが生まれたかを推測できるんです。

変異のスピードから計算をすると、他のウイルスから分かれてNL63という新しいウイルスになったのが約800年前と計算できるわけです。

「コロナウイルスは変異が速い」と誤解されていますが、コロナウイルスの変異のスピードは決して速くはありません。52年前に誕生した229Eコロナウイルスは、ほぼ同じウイルスが今でも毎年流行しています。

2本鎖のDNAウイルスと比べると1本鎖のRNAウイルスは変異のスピードが速いのですが、RNAウイルスの中では、コロナウイルスは変異のスピードが遅いウイルスです。

RNAウイルスの中でも、変異の速いHIVはバリエーションがとても多く、変異が遅いコロナウイルスのバリエーションは同一ウイルス内ではHIVほどではありません。

「新型コロナウイルス」は、「未知」と言うほどでもない

今回のSARS-CoV-2は、2002～03年のSARSウイルスのRNAの配列と酷似しています。いくつかの遺伝子に違いがあるだけですから、ほぼ同一のウイルスと考えてもよいでしょう。言い方を変えれば、SARSコロナウイルスのごく近い親戚ウイルスであり、SARSコロナウイルスの亜型、亜種のようなものです。ウイルス学的に見れば、目新しいウイルスではありません。

ウイルス学を専門としない学者の中には「未知のウイルス」と言っている人もいますが、ウイルス学的に言えば、既知のウイルスです。既知すぎるくらい既知です。

SARS-CoV-2は、旧型SARSコロナウイルスの弱毒型のバリエーションです。SARS-CoV-2に感染して肺炎になった人の胸部CT画像が白っぽく、すりガラス状になっていたと報告されています。しかし、この病態がSARS-CoV-2に特有のものかどうかははっきりとしていません。

細菌性の肺炎かウイルス性の肺炎かという違いは、血液性状やCT画像によって確認できますが、「ウイルス性肺炎」と確認されたとしても、どのウイルスによって生じた肺炎かが詳細に調べられることはまずありません。

ウイルス性肺炎で亡くなる人は、日本には毎年数千人いると思いますが、多くの場合、ウイルスが特定されておらず、亡くなった後の肺が詳しく調べられているわけでもない。そのため、ウイルスごとに起こる肺炎の特徴ははっきりとわかっていません。もしかすると、元々のヒトコロナウイルスで肺炎になって亡くなった人も、SARS－CoV－2と同じような肺炎を起こしていたかもしれません。

SARS－CoV－2に感染して肺炎にかかると、回復しても後遺症があると言われています。しかし、インフルエンザウイルスで肺炎になったときにも、数か月間は後遺症が続くことがあります。ウイルス性肺炎は後遺症になることがありますから、SARS－CoV－2が特別ということはありません。

繰り返しますが、マスコミで、「新型のウイルス」「未知のウイルス」と報道されすぎているため、特別なウイルスだと勘違いされがちですが、あまり特別だと考えないほうがいいでしょう。これまでのウイルスの亜種といえるものであり、起こる病気もウイルス伝播メカニズムもこれまでのウイルス性肺炎と似た側面もあります。

ＳＡＲＳ－ＣｏＶ－２は、ＳＡＲＳコロナウイルス１型（ＳＡＲＳ－ＣｏＶ－１）と同じ感染受容体（ＡＣＥ２）を用いています。強毒性のＳＡＲＳ－ＣｏＶ－１と同じＡＣＥ２を用いているため、「ＳＡＲＳ－ＣｏＶ－２もＳＡＲＳ－ＣｏＶ－１と同じくらい危険ではないのか」と考える人もいますが、毒性のそれほど強くないＮＬ63も同じ感染受容体ＡＣＥ２を用いています。*

「ＡＣＥ２を用いているから毒性が強く、肺炎になりやすい」というわけではありません。ただし、８００年前くらいにＮＬ63が誕生したときの毒性は確認されていません。現在のＮＬ63は毒性が比較的弱いですが、過去には毒性が強かった可能性も否定はできません。

今回のＳＡＲＳ－ＣｏＶ－２（新型コロナウイルス）についてまとめてみると、

- **コウモリ由来**
- **ＳＡＲＳコロナウイルスと近縁**
- **ウイルス学的には充分既知のウイルスと言える**

と言うことができます。

「これからは新しい生活様式」などと言われていますが、ＳＡＲＳ－ＣｏＶ－２の誕生によって、人類がこれまでとはまったく違った新しい生活様式を強いられるわけではありません。２２９Ｅとは少なくとも52年共存しています。

人類はずっと「ウィズコロナ」をやってきました。13世紀にコロナウイルスＮＬ63が誕生していますから、８００年間も「ウィズコロナ」が続いてるのかもしれません。これまでずっとやってきた「ウィズコロナ」を続けていくだけです。

「ゼロコロナ」という言い方も誤解を生みます。仮にＳＡＲＳ－ＣｏＶ－２がこの世から消え去ったとしても、「ゼロコロナ」にはなりません。

ＳＡＲＳ－ＣｏＶ－２以外にも、別のヒトコロナウイルスが存在していますし、動物由来の新たなコロナウイルスが人で流行する可能性もあります。私たち人間は動物とともに生きていく以上、常に「ウィズコロナ」です。

ウイルスのリコンビネーション（組換え）とは？

ある動物の細胞に2つの別種のウイルスが同時に感染すると、複製のときに別の動物のウイルスが混ざってしまって、リコンビネーション（組換え）が起こることがあります。

例えば、ネコとイヌが同居しているときに、ネコがネココロナウイルスに感染していて、そのネコに同時にイヌのコロナウイルスが感染したとします。

通常は、ネコの細胞内ではイヌのコロナウイルスはほとんど増えることはできません。ところが、たまに間違って、ネコのコロナウイルスの中にイヌのコロナウイルスの一部が組み込まれてしまって、「ネコ－イヌ－ネコ」のようなコロナウイルスができることがあるんです*。それまでのネコのコロナウイルスであれば、呼吸器や消化器に症状を起こす程度ですんでいたものが、組み換わって「ネコ－イヌ－ネコ」のコロナウイルスになると、ネコが死んでしまうことがあります。

コロナウイルスの約3万個の塩基配列のうち、1万個の配列が丸ごとネコからイヌに入れ替わってしまうなど、大がかりな組換えが起こりえます。1本に連結された約3万個の塩基配列が突然、大がかりに別の塩基配列に組み換わることは、大変化です。このような大変化が起きるということは、紛らわしい配列の２つのウイルスが細胞の中に入り、ＲＮＡの複製の過程で間違えて乗り換えが起こってしまったものと考えられます。まったく配列パターンが異なるウイルスに共感染しても、乗り換えが起こることはまずないはずです。

新型コロナウイルス（ＳＡＲＳ－ＣｏＶ－２）は、ＳＡＲＳコロナウイルス（１型）とは、スパイクタンパク質のところが違っていて、フーリン切断箇所（furin cleavage site）というものがあります。これは元々の宿主であるキクガシラコウモリのコロナウイルスには存在しない配列であるため、「ヒトのコロナウイルスにだけ入っているのはおかしい。生物兵器ではないか」と主張している人もいます。

確かに、キクガシラコウモリのコロナウイルスには、フーリン切断箇所はありませんが、他のコウモリのウイルスの中にはこの切断箇所と類似した配列をもったウイルスがありますから、他のコウモリのウイルスにキクガシラコウモリが感染して、キクガシラコウモリの細胞内で２種類のウイルスの組換えが起こったと考えることもできます。生物兵器の可能性を否定するわけではありませんが、自然界でも起こりうる現象であるのは確かです。

キクガシラコウモリの中で組換えが起こったのか、他の動物の中で組換えが起こったのかはわかりませんが、前回のＳＡＲＳコロナウイルスをもった動物がいて、その動物に他の動物からＳＡＲＳコロナウイルスと似たようなウイルスが共感染し、組換えが起こったのではないでしょうか。組み換えられた新しいウイルスは、ヒトの細胞にも相性の良い配列となってしまったため、ヒトの世界で広がったのが、今回の新型コロナウイルス（ＳＡＲＳ－ＣｏＶ－２）と推測されます。

新型コロナウイルスの変異

新型コロナウイルスには、イギリス型、南アフリカ型、ブラジル型、フィリピン型などの変異株（一般には変異種と呼ぶがここでは変異株とする）があり、スパイクタンパク質の部分の６１４番目、５０１番目、４８４番目、４１７番目などのアミノ酸が変わることによって、感染力や拡散力が増したと見られています。*これは約3万個の長い配列の中のごく一部の入れ替わりであり、配列が大きく変わるリコンビネーションとは異なります。

コロナウイルスの側も、生き残るために、おそらく、ランダムにいろいろな部分の配列を入れ替えようとしています。「ここに変異を入れたら、感染力を高めることができる。もっと増殖しやすくなる」というような部分を探しているわけです。実際には探しているわけではなく、ランダムに変化させていったら、ある部分を変化させたときに、人への感染力や増殖力が増して、生き残りやすくなったということだと思います。だとすると、フランスでも、アメリカでも、日本でも同じ変異は起こりえます。要は確率の問題です。

変異株の拡大を防ぐために、「イギリスからの入国を止めよ」「南アフリカからの入国を止めよ」という意見もありますが、イギリスや南アフリカからの入国を止めても、変異株を防ぐことはできないかもしれません。

動物のウイルスでは、世界同時に同じ変異が起こった事例があります。１本鎖ＤＮＡ型ウイルスにパルボウイルスというものがあります。ヒトではリンゴ病（ほほがリンゴのように赤くなる病気）を起こすウイルスがパルボウイルスです。ネコでは25ページで述べたように汎白血球減少症を引き起こします。仔猫にとっては致死性のウイルスです。また野生のネコ科動物にも感染し、動物園で大型ネコ科動物が死亡することがあります。*

１９７８年に新型のパルボウイルスがイヌに出てきたのですが（イヌパルボウイルス２型）、１９８１～82年の間に、世界中のパルボウイルスが違う型（2a型と2b型）に置き換わってしまったんです。* それまでは強毒型のパルボウイルスでしたが、弱毒型に変異して世界を席巻し、強毒型のパルボウイルスは忽然（こつぜん）と地球上から消えました。パルボウイルス研究の大御所は「なんで、イヌは飛行機に乗らないのに、新型が一気に広まったんだろう」と不思議に思い、生ワクチンに混入したのではないかと考えたようですが、そのような事実はありませんでした。

その後、我々の研究により、ランダムに配列の変異が起こっており、たまたまウイルスによって都合のいい変異が、世界中で起こり、その結果、短期間で新しい型が広がったように見えたことがわかりました。*

新型コロナウイルスの場合も、ヒトの移動によって変異株が広がるとは限りません。ヒトが移動しなくても、世界で独立して同じような変異株が出現し、広がっていく可能性はあります。日本で変異株が広がったとしても、イギリスからの入国者のウイルスが広がったのではないのかもしれない。そこがウイルス制御の難しいところです。

インフルエンザウイルスは変異しやすい

インフルエンザウイルスの場合は、コロナウイルスとはまったく形状が異なります。インフルエンザウイルスは、1本鎖RNAウイルス（マイナス鎖）ですが、分節型（セグメントタイプ）のウイルスです。

RNAが1本につながっているのではなく、7本か8本に分かれていて、それが束のようになっているウイルスです。インフルエンザウイルス感染細胞を輪切りにして顕微鏡でのぞくと、ウイルスが同じ向きに並んで束になっていることがわかります。

「インフルエンザウイルスは8分節」と言われますが、動物には7分節のインフルエンザウイルスがあります。どちらが元々の型かはわかっていないようです。

インフルエンザウイルスが大きく変異しやすいのは、分節型になっているためです。インフルエンザウイルスの変異は、7本または8本のうちの1本分が、他のウイルスの1本とまるまる置き換わります。

図3－4　インフルエンザウイルスの構造

インフルエンザウイルスは、ブタにも、トリにも、人にもありますが、仮にブタにブタインフルエンザウイルスとトリインフルエンザウイルスが同時に感染したときに、「じゃあ、この1本をトリのウイルスから借りてきて、入れ替えましょう」というような現象が起こることがあるんです。
インフルエンザウイルスの表面（エンベ

ロープ）には、ヘマグルチニン（ＨＡ）タンパク質とノイラミニダーゼ（ＮＡ）という２種類のウイルス由来のタンパク質が刺さっています。今のところ、ＨＡは16種類、ＮＡは９種類の種類が知られています。Ｈ１Ｎ５（トリインフルエンザウイルス）というのは、ＨＡが１型、ＮＡが５型という意味です。インフルエンザウイルスには８本のＲＮＡ鎖が入っていますが、ブタのウイルスのうちのＮとニワトリのウイルスのＮをまるごと入れ替えた、新型のブタのインフルエンザウイルスが生まれることもあるわけです。

８分節のインフルエンザウイルス２種類が共感染したときには、細胞の中に16本のＲＮＡの分節が複製されます。そこから８本を集めてくるときに、１本を間違えて集めてきてしまうわけです。

分節型のウイルスが増殖するのはとても不思議です。間違えずに８本を集めてこられるのは、８本のそれぞれのＲＮＡの端に認識する配列があって、お互いを認識できたらスムーズに組み立てられるという仕組みがあるようです。寄木細工と似た構造になっていて、間違った分節をもってきた場合は、すんなり組み立てられなくなってしまうのではないかと考えられています。* なぜこのような構造になっているのでしょうね。１本につながっていたはずのＲＮＡウイルスが分節型のＲＮＡウイルスにどうやって進化していったのかはミステリーですが、そのプロセスについて研究をしている研究者もいます。*

レトロウイルスは頻繁に組換えをしている

第5章で紹介するレトロウイルスは、コロナウイルスやインフルエンザウイルスとはまた違った構造になっていて、組換えが頻繁に起こっています。

レトロウイルスは、１本鎖のＲＮＡウイルスですが、ウイルスの中に同じＲＮＡが２本入っていて、端で束ねられています。この構造になっている理由は多様性を生み出すためと考えられています。

レトロウイルスの１つであるＨＩＶには、同じＨＩＶでも様々な系統があります。系統間ではＲＮＡの配列が違っています。またＨＩＶは血清学的・遺伝学的性状から、ＨＩＶ－１（ＨＩＶタイプ１）とＨＩＶ－２（ＨＩＶタイプ２）とに大別されます。現在のエイズの世界流行の主要な原因となっているＨＩＶ－１は、グループＭ（Main あるいは Major 主系統）、グループＮ（new 新型、あるいは non-M/non-N 非Ｍ／非Ｎ）、Ｏ（Outlier、分類外）の３群に分類されています。なかでもＨＩＶ－１グループＭは世界で流行している最も重要なウイルス群です。ＨＩＶ－１グループＭに属する流行株は、遺伝学的系統関係からさらにサブタイプA1、A2、B、C、D、F1、F2、G、H、J、Kの11種のサブタイプおよびサブサブタイプと、それらサブタイプ間の組換え型流行株（CRF, circulating recombinant form）に分類されています。

複雑なので、サブタイプAとBに絞って単純化します。A系統のHIV-1とB系統のHIV-1が同じ細胞に感染したとします。その遺伝情報（RNA）が同時にウイルス粒子に取り込まれるのですが、確率論的には、1／2の確率で、AとB由来のウイルスRNAが1つの粒子に入ることになります。

それが新しい細胞に感染するとどうなるのでしょうか？ RNAの複製をしていくときに、端から順番に複製していくわけですが、実はA系統を途中まで複製したあとに、もう1本のB系統に乗り換えて複製し、またA系統に乗り換えて複製するなど、頻繁に乗り換えをしています。そのため、様々な変異が起こるんです。

こうした組換えを、相同組換えと呼びます。組換えを起こして変異しやすくなるように、あえて2本の同じRNAが入ったウイルスになっているのだと考えられています。

コロナウイルス、インフルエンザウイルス、レトロウイルスの3つを取り上げましたが、それぞれのウイルスの構造が異なるため、変異の仕方や、変異のスピードは異なっています。

図3－5　レトロウイルスの一種、エイズウイルス（HIVウイルス）の構造

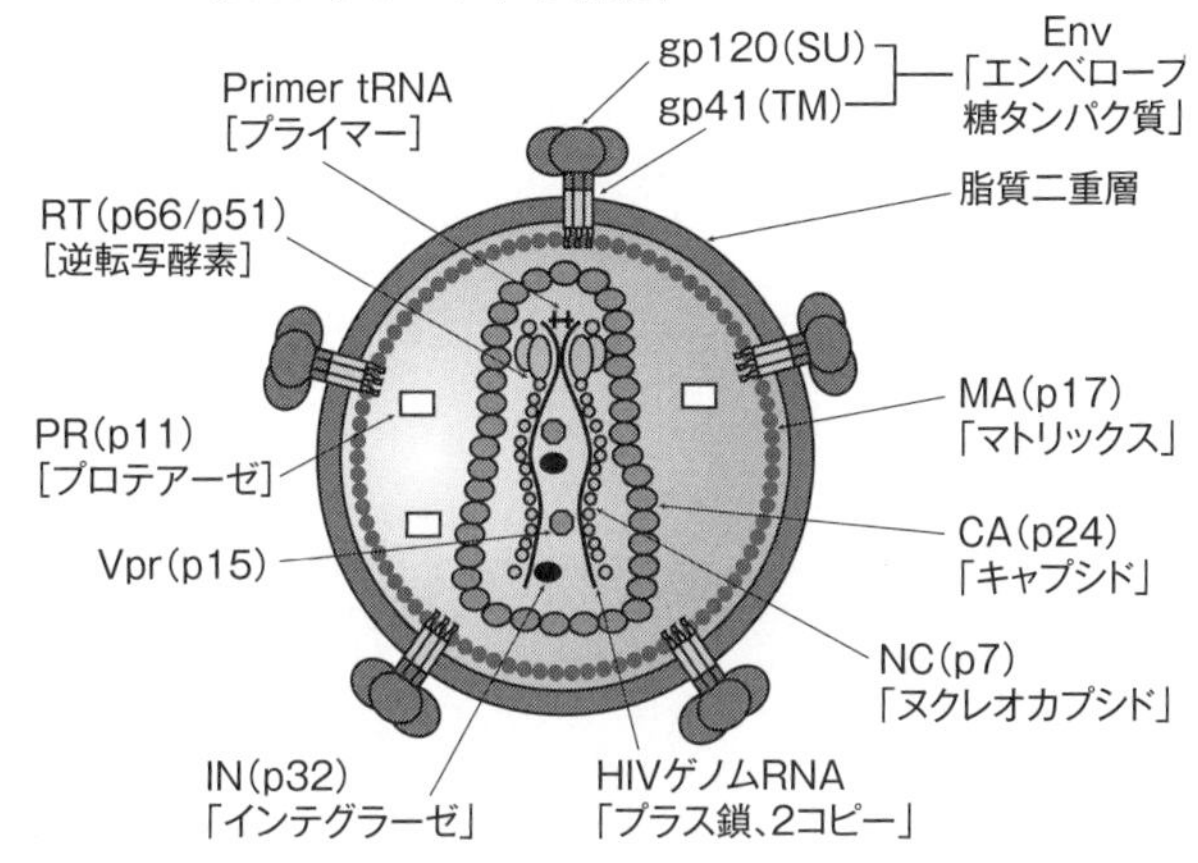

国立感染症研究所ホームページ掲載の図を基に作成

7ないし8本の分節型のインフルエンザウイルスや、2本のRNAが入ったレトロウイルスは、入れ替え、乗り換えが起こりやすいため、前述したように変異のスピードが速いですが、コロナウイルスは1本の長いRNAが連結されているため、前述したように変異のスピードは比較的遅いのです。新型コロナウイルス（SARS－CoV－2）のイギリス型、南アフリカ型、ブラジル型という変異株は、大がかりな組換えではなく、小さな変異と言えます。ただし、ごくまれに2種類のコロナウイルスに共感染したときにだけ、かなり長い配列がまるごと置き換わる大きな組換えが起こることがあります。

第4章
ウイルスとワクチン

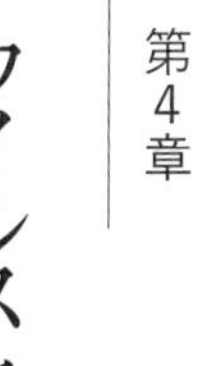

生ワクチンと不活化ワクチン

ウイルスや細菌が引き起こす感染症に対抗するために、人類は「ワクチン」という手段を手に入れました。あえて病原体から作られた抗原を体に入れて、抗体などの免疫を誘導するという予防法に、ワクチン誕生当時（１７９６年、ジェンナーが種痘法を確立）の人々はさぞ驚いたことでしょう。本章では、ワクチンについて取り上げてみたいと思います。

ワクチンは、大きく分けて２種類あります。生ワクチンと不活化ワクチンです。

生ワクチンは、ウイルスの毒性を弱めた弱毒型の生きたウイルスを体内に入れて、免疫をつけようとするもの。不活化ワクチンは、ウイルスをホルマリンなどで殺して、死んだウイルスを体内に入れて、免疫をつけようとするものです。

両者の特徴は、次のようになっています。

生ワクチン	弱毒型の生きたウイルス	抗体（液性免疫）と細胞性免疫をともに誘導する。１回接種で充分

不活化ワクチン	死んだウイルス全体あるいはその一部	主として抗体（液性免疫）を誘導し、細胞性免疫誘導能は弱い。基本的に2回接種

細胞性免疫とは、感染細胞を破壊する細胞傷害性Ｔ細胞（ＣＴＬ：cytotoxic T lymphocyte）によって、体内に侵入してきたウイルスを細胞ごと攻撃するものです。

一方、抗体は、ウイルス（抗原）にくっついて、細胞への侵入を防いだり、血液中の補体という物質によってウイルス膜を溶かしてしまうタンパク質です。抗体には、免疫グロブリン（Immunoglobulin）のＩとｇから名付けた、ＩｇＧ、ＩｇＭ、ＩｇＡ、ＩｇＤ、ＩｇＥの5種類があります。

ただし、抗体には良い抗体と悪い抗体があります。悪い抗体ができてしまうと逆効果となり、かえって感染を促進します。

異物に抗体がくっつくと単球やマクロファージという免疫細胞に食べられてしまうのですが、これが逆効果になるときがあるのです。単球やマクロファージの細胞表面上にＦｃレセプターという部分があり、そこに抗体がくっつきます。ウイルスがそのような細胞に取り込まれて分解されれば良いのですが、ウイルスがその細胞で増えてしまうことがあります。抗体がウイルスを引き寄せてきて、単球やマクロファージを感染させてしまうのです。これを抗体依存性感染増強（ＡＤＥ：antibody-dependent enhancement）と言います。良い抗体は細胞への感染を阻止できるのですが、悪い抗体は感染を助長してしまうのです。そして、ウイルスはその細胞で増殖して、外に飛び出して行って次々と他の細胞を感染させてしまいます＊。

コロナウイルスの場合、こうしたＡＤＥが起こりやすいとされています。ネコのコロナウイルスのワクチンが作られないのは、このためです。

アデノウイルスを組み換えたワクチン

ではネコのコロナウイルスに効くのは何かというと、ＣＴＬによる細胞性免疫です。細胞性免疫を高めるには、弱毒型の生ワクチンが良いのですが、生ワクチンにもリスクはあります。弱毒にしたつもりでも、復帰変異といって強毒型に戻ってしまうことがあるんです。復帰変異によっていつ強毒型に戻るかわからないため、人のワクチンとしては使いにくいのが実情です。

また、毒性を充分に弱めてあるとはいえ「生きた新型コロナウイルスを注射します」と言われると嫌がる人もいるでしょうから、現時点では心情的にも生ワクチンは難しいかもしれません。

古典的な不活化ワクチンと生ワクチンには問題もあるため、別の方法として生まれてきたのが、遺伝子組み換えワクチンです。

イギリスのアストラゼネカ社とオックスフォード大学で開発されたのが、アデノウイルスを組み換えたワクチンです。アデノウイルスは風邪症状などを起こす2本鎖DNAウイルスです。このアデノウイルスの一部の配列を、新型コロナウイルス（SARS－CoV－2）のスパイクタンパク質を合成する配列に置き換えた、というものです。

接種すると、新型コロナウイルスのスパイクタンパク質に対する免疫が誘導されるため、発症しにくくなるという仕組みです。抗体もできますが、細胞性免疫も強力に誘導されますから、効果が見込まれます。

ロシアでもアデノウイルスを使ったワクチンが開発されていますが、ロシアのワクチンは人のアデノウイルスを使っており、イギリスのワクチンはチンパンジーのアデノウイルスを使っています。チンパンジーのアデノウイルスが使われているのは、人間の中には、すでにアデノウイルスに感染した人がけっこういるからです。アデノウイルス感染歴のある人は、免疫をもっているため、ワクチンが体内ですぐに中和されてしまって（感染性を失って）、コロナのスパイクタンパク質を発現させることができません。多くの人に効くようにするために、イギリスのワクチンは、人が感染していないチンパンジーのアデノウイルスが使われているのです。

アデノウイルスを使ったワクチンの場合、2回接種するとアデノウイルスに対する強力な免疫ができてしまうので、3回目、4回目の接種をしても、すぐにワクチンのウイルスが中和されてしまってコロナウイルスのタンパク質を作れません。頻回接種（ひんかいせっしゅ）ができないのが弱点です。春にワクチンを接種して、異なる型が出現したから、また冬に改良型ワクチンを接種して変異型コロナ感染を防ぎましょう、というわけにはいかないのです。

核酸ワクチン

もう1つのワクチンのタイプとして、核酸ワクチンというものがあり、DNAワクチンとmRNAワクチンの2種類があります。

DNAワクチンは1990年代からあるワクチンですが、様々な問題が指摘されてきました。頻度は非常に低いのですが、ＤＮＡを使っていますから、細胞のＤＮＡにワクチンのＤＮＡが組み込まれてしまう恐れがあります。例えば、ＤＮＡワクチンにスパイクタンパク質の発現を促進させるための発現プロモーターの配列を入れたとします。発現プロモーターの配列（ｍＲＮＡの転写を制御する配列）が、私たちのＤＮＡのがん遺伝子の上流領域（ｍＲＮＡの転写の開始に関与する領域）に入り込んでしまったとすると、がん遺伝子産物が細胞内にたくさんできて、細胞ががんになってしまうリスクが生じるのです。

また、体内にＤＮＡを入れると、抗ＤＮＡ抗体ができてしまう可能性もあり、ヒトによっては、リウマチなどの自己免疫性疾患を誘導してしまう可能性があります。

こうしたいくつものリスクがあるために、ＤＮＡワクチンは、よほどの必要性がない限り、使わないという考え方が主流になってきています。

私たち獣医の世界でも、かつてはＤＮＡワクチンが開発されました。私もその開発に携わっていました*。ＤＮＡワクチンを作ることは技術的には非常に簡単で、ものの数週間で作れますが安全性を担保することが難しいのです。

ＤＮＡワクチンの欠点を補うように登場したのが、ｍＲＮＡワクチンです。脂質膜の中にｍＲＮＡを閉じ込め、それを細胞に取り込ませることで、病原体によって生まれるはずのタンパク質が大量に細胞にできるわけです。ただし、RNAそのものは普通は増殖しません。DNAだったら、プロモーター配列を使ってどんどん転写され細胞内でmRNAが合成されるけれど、RNAは無理なんです。

「これ、どうするの？」と思ってたら、賢い人がいて、RNAによって自然免疫を誘導しないような細工を入れたんですね。そのように細工したRNAは細胞の自然免疫機構に認識されずにリボソームに運ばれて、次々とスパイクタンパク質を作ります。その作られたタンパク質が細胞表面上に現れ、免疫が誘導されるという仕組みです。

これはとても画期的な技術です。ただし、あまりにも最先端技術過ぎて、何が起こるかが予測できない面があります。いまのところ、問題は出ていないようですが、「長期的にはよくわからない」というのが正直なところではないかと思います。

ワクチンでは防げないケースも

ワクチンで重要なことは、どの段階で防御するかです。

ざっくり言うと、ヒトの体は「内側」と「外側」に分けることができます。胃や腸は体の「内側」と思われていますが、実は、体にとっては「外側」です。口から肛門までを1本の管と考えてもらうとわかりやすいかもしれませんね。口の中に異物が入り、食道、胃、腸を経て、肛門から出て行きます。管の中は、外界から入ってきた異物に接しています。そういう意味では、胃や腸は外部と接している「外側」です。同じように、鼻から肺までは空気の通り道であり、体の「外側」です。

こうした「外側」に、ウイルスはくっつくことができます。ウイルスの侵入の入り口となっているところは侵入門戸と呼ばれており、多くは粘膜でできています。

肝臓や腎臓は体の「内側」ですから、ウイルスが直接侵入することはできません。例えば、肝炎ウイルスの場合、直接肝臓に侵入するわけではなく、まず侵入門戸の細胞が感染します。そこから血液中の細胞などに感染し、細胞が血中を流れていって肝臓に到達し、肝臓に肝炎ウイルスが感染するという経路を辿ります。

さて、ここで大事なことを言います。ワクチンは、ウイルスの侵入経路のうち、どこを防御するかによって、働きが変わってきます。

呼吸器感染症は、肺の細胞にウイルスが感染して起こる病気ですが、必ずしもウイルスが血中に入っていくわけではなく、肺の細胞で横に広がって感染して、肺炎を起こしたりします。血液中に抗体を作って、待機していても、感染防御にはあまり効果がないかもしれません。侵入門戸で防ぐには、粘膜にワクチンを垂らすなどして、粘膜細胞で働く抗体ＩｇＡを誘導しなければなりません。感染をブロックできる抗体は、主にＩｇＡ抗体です。

現在実用化されている新型コロナウイルスワクチンの主要コンセプトは、感染防御ではなく発症防御になっています。もちろん、発症が抑えられれば、体内から放出されるウイルスも少なくなるはずなので、皆がワクチンを接種すれば、結果的に感染拡大を抑えられるでしょう。

現行の新型コロナウイルスワクチンは、治験で非常に高い効果を示しています。感染予防効果もみられているようです。ＩｇＧが粘膜面に一定程度存在するという報告もありますが、感染予防をするＩｇＡを主に誘導していないのに、どうしてそこまで高い効果が出るか、よくわからないところがあります。

また、夏に肺炎になるメカニズムと、冬に肺炎になるメカニズムが異なっている可能性もあります。今回のコロナウイルスのワクチンは、夏に治験されたものが多いですから、夏の発症メカニズムには高い効果があるのかもしれません。このあたりは、今後の研究が必要だと思います。冬の場合は、空気が乾燥していて飛沫の粒子が小さくなり、直接肺にウイルスが大量に到達してしまう可能性もあるでしょう。

ワクチンの長期的リスク

次にわからないのが、従来の風邪コロナウイルスに対するワクチンの影響です。Aというウイルスに対する良い抗体が、Aに遺伝的によく似たBには悪い抗体になることがあります。有名な例はデングウイルスです。デングウイルスには1から4の型（血清型）があって、1型に対する良い抗体は他の型にとっては悪い抗体になってしまうのです。1型に感染したあと、2～4型に感染すると重症化してしまい、死亡する確率が高くなります。*

今回の新型コロナウイルスに遺伝的に近い従来型のヒトの風邪コロナウイルスは、2種類あり、ともにベータコロナウイルス属に属しています。他にも、もう少し遺伝的に離れたヒトの風邪コロナウイルス（アルファコロナウイルス属に分類）が2種類あります。あまり知られていないのですが、新型コロナウイルスに遺伝的に近い（同じベータコロナウイルス属）下痢を引き起こすヒトコロナウイルスもあります。* さらに、現在なりをひそめているMERSコロナウイルスも入れると、今回の新型コロナウイルスに遺伝的に近いヒトコロナウイルス（ベータコロナウイルス）は4種類存在することになります。他にも報告されていないだけで、様々なコロナウイルスが人に感染していて、普段は何も病気を起こしていない可能性もあります。

上に述べたように、新型コロナウイルスに対する良い抗体が、従来型のヒトコロナウイルス（特にベータコロナウイルス属）に対して悪い抗体になりうるかどうかは、まだよくわかっていません。もし悪い抗体になりうるのだとしたら、新型コロナウイルスのワクチンを打って、新型コロナウイルスの防御ができたとしても、従来型の風邪コロナウイルスに感染したときに、重篤化するリスクが高まるということになります。今シーズン（2020年－2021年の冬）は従来型のコロナウイルスがまったく流行っていないので、その負の影響についてはは検証ができていません。試験管内で検証はできるはずなのですが、まだ報告はないようです。

変異株に対する影響についてはどうでしょうか。新型コロナウイルスは徐々に変化していき、様々な変異株が生まれます。ワクチンを接種して新型コロナウイルスに対して良い抗体が誘導されたとしても、その抗体が変異株に対して悪い抗体になってしまう可能性は否定できません。単にワクチンが効かないというのであれば、大きな問題ではないのですが、ワクチンを打ったがために、変異株に感染したときに重篤化してしまうリスクはどうしても排除できないのです。試験管内での検証もできるはずですが、それにはそれなりの時間が必要です。この本が出版されるころには判明しているでしょうか。

この、ワクチンを接種したがために重篤化することを、感染増強作用と呼びます。感染増強作用が実証され、論文として公開された場合、ワクチンを接種した医療従事者が、新型コロナウイルス感染者に対応できなくなる事態に発展する可能性があります。

もちろんワクチンによる免疫は抗体だけでなく細胞性免疫も誘導されます。悪い抗体が出来たとしても、細胞性免疫が強力に誘導されれば発症防御できるのかもしれません。

いずれにしても、新型コロナウイルスのワクチンに関しては、現段階では未知数の部分が多く、効くことを期待しながらも、今後の推移を見守る必要があると思っています。

第5章

生物の遺伝子を書き換えてしまう「レトロウイルス」

「レトロウイルス」って何？

ここまでは感染症を引き起こすウイルスについて述べてきましたが、先述した通り、ウイルスがすべて病気を引き起こすわけではありません。それどころか、生物の進化に大きな貢献を果たしたウイルスもあるのです。これまでも何度か登場しているレトロウイルス（Retro virus）です。

「レトロ」と聞くと、「昔の」という訳語を思いつくかもしれませんが、レトロウイルスの「レトロ（retro）」は、ラテン語で「逆の」という意味です。

72ページで説明したように、生物の細胞の中では、

DNA→RNA→タンパク質

という流れになっています。体の設計図DNAをコピー（転写）して、RNAという手順書を作り、手順書をもとにタンパク質を作ります。これ以外の流れは起こりえないとされ、セントラル・ドグマ（中心教義）と呼ばれてきました。

ところが、レトロウイルスでは、セントラル・ドグマの掟を破って、

RNA↓DNA

という逆の流れが起こっていることがわかりました。

レトロウイルスは、1本鎖のRNAを遺伝情報としてもっています。ウイルスの外側には細胞膜由来のエンベロープがあります。

レトロウイルスが細胞に感染するときには、エンベロープを細胞膜と融合させて、細胞膜とウイルス膜を一体化して（これを膜融合と呼びます）、細胞の中に入っていきます。そして自分のRNAをDNAに変換（逆転写）し、2本鎖のDNAを作る。作られたウイルス由来のDNAを細胞の核の中に持ち込み、細胞のゲノムDNAに割り込んで、宿主のDNAに自分のDNAを付け加えてしまいます。

そして、宿主のDNAの設計図の中の、自分が付け加えた部分だけをコピーして、レトロウイルスのタンパク質の設計図を作ります。それを工場であるリボソームに持って行って、設計図通りにタンパク質を作ってもらいます。そのタンパク質で殻を作り、その中に複製し

図5－1　レトロウイルスの複製過程

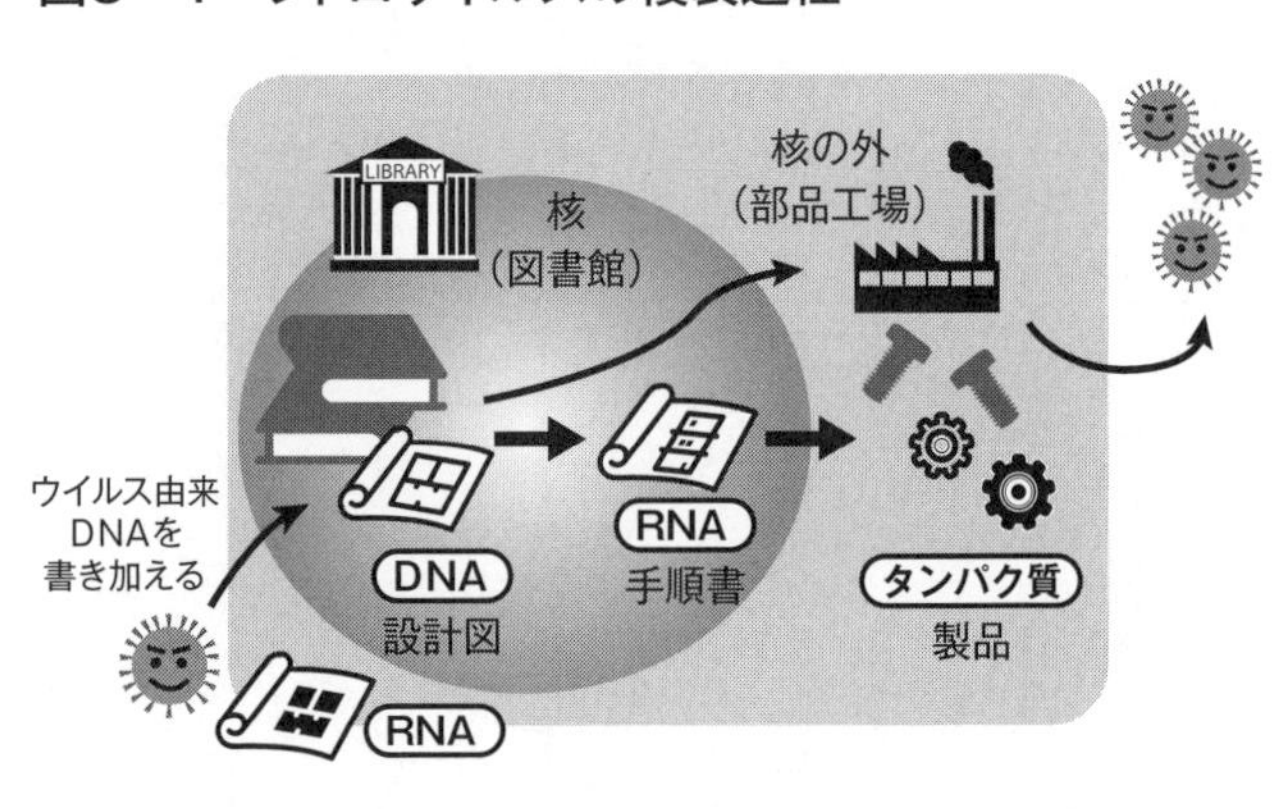

たＲＮＡが入り込めば、ウイルスの複製ができるのです（図５－１）。

こうして次々とウイルスの複製を作り、細胞から出て行くときには、宿主の細胞膜をまとって飛び出していきます。

普通のＲＮＡウイルスは、細胞に入り込むと、ＲＮＡの手順書を直接細胞内の工場に持ち込んで、そこで増殖します。細胞の核の中に入ってＤＮＡを書き加えることはありません。

ところが、レトロウイルスは、一度核の中に入り込んでいって、設計図自体を書き加えてしまう性質をもっているんです。そこが、他のウイルスと一線を画す点です。レトロウイルスはそのために逆転写の機能が必要ですから、ウイルスの中に逆転写酵素

（ＲＮＡをＤＮＡに変換するための触媒となる酵素）の配列をもっています。

レトロウイルスが感染した細胞は、設計図の情報が変わってしまっていますので、変調を来たすことがあります。また、ウイルスが細胞を殺してしまうことがあります。

細胞増殖に関する設計図を変えてしまえば、がん化してしまいます。ウイルスが免疫担当細胞を殺してしまったり、正常な作用をしないようにしてしまうと、免疫抑制や免疫不全を引き起こしてしまいます。

レトロウイルスは、必ずしも悪い作用をするものばかりではありませんが、ヒトに関係する代表的なレトロウイルスとして、成人Ｔ細胞白血病を引き起こすヒトＴリンパ好性ウイルス（ＨＴＬＶ）が１９８０年に発見され、エイズを起こすヒト免疫不全ウイルス１型（ＨＩＶ－１）が１９８３年に発見されています。*

レトロウイルスの種類――古代のウイルス、「遅い」ウイルス……

動物ウイルスの領域では、ウイルスの概念すらない１９０４年に、マウスに白血病を起こす因子が見つかりました。これは後に「レトロウイルス」であることがわかりました。１９６４年には、ネコに白血病を起こすネコ白血病ウイルスが見つかりました。これもレトロウイルスでした。ちなみに1964年は東京オリンピックが開催された年で、私が生まれた年でもあります。

ヒトに病気を起こすHTLVやHIVが発見されたのは1980年代ですが、それよりずっと前から、獣医の領域ではレトロウイルスが研究されていました。

特にHIVはレンチウイルス属に分類されるウイルスですが、この一群のウイルスはHIV発見以前は医学研究者たちからは、見向きもされませんでした。ヒトのHIVが発見されてから、急にレンチウイルスがメジャーになりました。初期のHIV研究は動物のレンチウイルスの研究が大いに参考にされました。

レトロウイルスは、2つの亜科に分けられ、その中にいくつかの属があります。

1　スプーマウイルス亜科

・サルスプーマウイルス属
・ネコスプーマウイルス属
・ウシスプーマウイルス属
・ウマスプーマウイルス属

2　オルソレトロウイルス亜科

・アルファレトロウイルス属
・ベータレトロウイルス属
・ガンマレトロウイルス属
・デルタレトロウイルス属
・イプシロンレトロウイルス属
・レンチウイルス属

全部で10個の属に分かれています。

スプーマウイルスは、かなり古いタイプのレトロウイルスで、なんと数億年前までその存在をさかのぼることができます。まさに古代のウイルスですね。

オルソレトロウイルスのうち、ニワトリで古くから見つかっているのがアルファレトロウイルスです。サルに免疫抑制や血小板減少症を起こさせるレトロウイルスはベータレトロウイルス。マウス白血病で見つかったのはガンマレトロウイルス。ウシ白血病やヒトT細胞白血病で見つかったのがデルタレトロウイルス。魚のレトロウイルスはイプシロンレトロウイルスです。

レンチウイルスは、ヒト免疫不全、サル免疫不全、ネコ免疫不全など、エイズ関係のウイルスですが、歴史的には、ウマに貧血症を引き起こすウマ伝染性貧血症ウイルス、ヒツジに肺炎や脳炎を引き起こすビスナウイルス、マエディウイルス、ヤギの関節炎脳脊髄炎ウイルスが古くから知られていました。「レンチ」というのは「遅い」という意味で、感染してから発症するまでに年単位の長い時間がかかるのでレンチウイルスと命名されました。

レトロウイルスは、最初に哺乳類で見つかり、鳥類、魚類でも見つかり、整理され分類されました。後ほど説明しますが、レトロウイルスは進化のプロセスと密接に関わっており、哺乳類は、ガンマ、ベータ、アルファなどのレトロウイルスを使って進化をしてきたと考えられています。

レトロウイルスは、DNA情報を書き換えることが大きな特徴ですが、DNAを書き換えるウイルスはレトロウイルスだけではありません。昆虫のDNAを書き換えるウイルスもありますが、レトロウイルスとは呼んでいません。

レトロウイルスと名付けられた経緯が、動物（特に哺乳類と鳥類）に病気を起こすウイルスの研究から始まっているため、昆虫のＤＮＡを書き換えるウイルスは、エランティウイルス（属）とは呼ばれています。

少し特徴的なウイルスとして、Ｂ型肝炎ウイルスがあります。Ｂ型肝炎ウイルスも、ＲＮＡからＤＮＡを作る逆転写酵素をもっていますが、ＤＮＡを作るだけで、宿主のＤＮＡにそれを追加してＤＮＡを書き換えることまではしません。レトロウイルスの遠い親せきになります。

人間のすべての細胞に、レトロウイルスの遺伝子由来の配列が入っている

レトロウイルスは、血液細胞、粘膜細胞に感染することが多く、感染するとそれらの細胞のＤＮＡ情報を書き換えます。

しかし、ＤＮＡ情報が書き換えられたとしても、その人（動物では個体）が病気になって死んでしまえば、宿主とともにレトロウイルスは消えていきます。リンパ球にレトロウイルスが感染してウイルスの遺伝情報がＤＮＡに書き加えられたとしても、リンパ球が死んでしまえば、レトロウイルスの情報も消えます。

ところが、ごくまれに生殖細胞（卵細胞や精子の細胞あるいはそのもとになる細胞）にレトロウイルスが感染することがあります。

人間を含む動物は受精卵という1つの細胞から、細胞分裂を重ねて成人（成体）になっていきますから、生殖細胞のＤＮＡ配列にレトロウイルスのＤＮＡ配列が追加されると、すべての細胞にレトロウイルス由来のＤＮＡ配列情報が入ることになります。

レトロウイルスに感染した生殖細胞から生まれた個体は、毛根の細胞をとっても、眼の細胞をとっても、皮膚の細胞をとっても、つまりどこをとっても、ウイルスが加えた配列が存在しているわけです。これを「内在性レトロウイルス（endogenous retrovirus：ＥＲＶ）」と言います。ヒトの内在性ウイルスは、ＨＥＲＶ（human endogenous retrovirus）と呼ばれています。

それに対して、個体間を感染して飛び回っている普通のレトロウイルスは、「内在性レトロウイルス」と区別するために「外来性レトロウイルス（exogenous retrovius）」と呼ばれることもあります。

内在性レトロウイルスは、宿主のＤＮＡに組み込まれて一体化したものですから、親から子、子から孫へと遺伝して綿々と受け継がれていきます。

実際、私たちの体の一つひとつの細胞には、何千万年も前の先祖が感染したレトロウイルスが入っています。体の細胞全部にウイルス由来の配列が入っているとは信じがたいかもしれませんが、ヒトの遺伝子配列の中には、レトロウイルスの配列がたくさん入っているんです。ある意味では、私たちの体は、古代のレトロウイルスに乗っ取られてしまっている状態とも言えます。

哺乳類が積極的にレトロウイルスの遺伝情報を取り込んだ時期がある

ただし、生殖細胞は種の繁栄に非常に重要なものですから、通常はかなり強固に守られていて、レトロウイルスが現在のヒトの生殖細胞の遺伝子情報を書き加えることはまずできません。仮に、ＨＩＶがリンパ球に感染したとしても、生殖細胞に感染しない限り、子孫に遺伝していくことはありません。現時点で、ＨＩＶが生殖細胞に感染した明確な例は報告されていません。人の生殖細胞はレトロウイルスから強固に守られていると思われます。現存のヒトは20万年程前に出現したと考えられていますが、20万年の間にまったく新しいレトロウイルスが侵入したことはないと考えられています。

しかし、進化の過程において、恐竜が絶滅した直後の時期である6550万年くらい前の哺乳類は、レトロウイルスの感染から生殖細胞があまり守られていなかった可能性がありま す。それどころか、積極的にレトロウイルスの遺伝子情報を取り込んでいた節すらありま す。哺乳類が地球環境に適応できるように進化していくためには、生殖細胞の遺伝子情報を書き換えていく必要があったのかもしれません。

生殖細胞にレトロウイルスが感染したとしても、レトロウイルスに感染した受精卵からは普通は子供として生まれることはないと思われます。レトロウイルスが発生に負の影響を与えるでしょう。しかし、まれに子供として生まれてくることがあったのでしょう。まれな現象が重なって、何千万年かの間でゲノムにレトロウイルス由来の遺伝情報が書き加えられ続け、ヒトゲノムの9％をも占めるようになりました。そのレトロウイルス由来の配列を利用して哺乳類は恐竜絶滅後に急速に多様化したと考えられます。現在は、地球環境が大きく変化しているわけではないため、哺乳類は進化を大きく促進する必要はなく、生殖細胞を固く守って、遺伝子情報が過剰に書き換えられることを防いでいるようです。

ただ、地球の環境が激変するなどしたら、哺乳類は環境に合わせて進化せざるをえなくなります。そのときにはスイッチが入って、遺伝子情報を書き換える機能を活発化させるかもしれません。

「哺乳類の生殖細胞は強固に防御されています」と言いましたが、しっかりとした胎盤をもっていないコアラやカンガルーやオポッサムなどの有袋類はその例外になるのかもしれません（有袋類は哺乳類の仲間です。しっかりとした胎盤をもつ哺乳類は真獣類（有胎盤類）と呼ばれます）。有袋類は未熟な胎盤をもっていますが、しっかりとした胎盤はもっていません。また、哺乳類で卵生のものもあって、単孔類と呼ばれています。カモノハシなどが単孔類です。これらは哺乳類の進化形としては異質であり、古代の哺乳類の状態とも言えます。

有袋類の遺伝子情報を調べるプロジェクトが進められていますが、南米に棲息するオポッサムのゲノムを調べてみると、内在性レトロウイルスの割合が10％もあることが判明しています*。後ほど紹介しますが、ヒトのＤＮＡの内在性レトロウイルスの割合は９％ですから*（143ページ参照）、有袋類もレトロウイルスが入り込みやすいのかもしれません。

また、コアラの場合は、コアラレトロウイルスが生殖細胞の中に入ってしまうことがわかっており、オーストラリアでは現在コアラが絶滅の危機に瀕しています*。

オポッサムやコアラなどの有袋類は、今でも生殖細胞へのレトロウイルスの侵入を積極的に許しているのかもしれません。哺乳類の中でも有袋類は、レトロウイルスによって生殖細胞の遺伝子情報を書き換えさせて、進化を試みている可能性もあります。

レトロウイルスは進化の要因である「スプライシング」にも関与している？

バクテリアのような核をもたない原核生物と、核をもつ真核生物の大きな違いは、「スプライシング」をするかどうか、です。

例えば、原核生物である大腸菌は、核をもっていませんので、細胞内にむき出しのＤＮＡが入っています。このＤＮＡを転写してｍＲＮＡ（メッセンジャーＲＮＡ）を作ります。ｍＲＮＡは一個の連続した配列になっており、これを翻訳してタンパク質を作ります。

一方、核をもつ真核生物は、核の中でＤＮＡからＲＮＡを転写して、ｍＲＮＡの前駆体をいったん作ります。この前駆体の一部を取り除き、必要なところだけを選び出して切り貼りをして、翻訳に使うｍＲＮＡにしています。これを、スプライシングと呼びます。

ｍＲＮＡ前駆体の切り貼りの仕方を変えることで、複数のｍＲＮＡができ、複数の種類のタンパク質を作ることができます。その結果として、真核生物は複雑な機能をもつことができ、進化をしてきました。

こうしたスプライシングの制御にもレトロウイルスの配列が関与していることがわかって

きました。レトロウイルス由来の配列が、スプライシングに必要な配列を壊して、あるｍＲＮＡをタンパク質を作れないｍＲＮＡに変化させたり、スプライシングのパターンを変えて別のタンパク質を作れるｍＲＮＡに変えたりしているのです*。

さらに私たちの研究グループは、細胞のＤＮＡの中の内在性レトロウイルスを研究し、数千万年前くらいの古代のレトロウイルス由来のスプライシングの制御配列と、現在流行しているレトロウイルス由来の制御配列が、違う仕組みをもっていることを突き止めました*。

おそらく、古代に流行したレトロウイルスは、現在流行しているレトロウイルスとは異なるスプライシング機構を使っていたのでしょう。しかし、レトロウイルスの感染を防ぐために、生物は古代レトロウイルス由来の制御機構を無力化する因子（抵抗性因子）を獲得したのかもしれません。無力化されたレトロウイルスのほうは、無力化を乗り越えるために、別の制御機構に変化させた可能性があります。何千万年間、いや何億年も、生物とレトロウイルスはせめぎ合いを続けてきたのではないかと推察しています。

生まれたときと死ぬときの遺伝子は同じではない

人間は生まれてからずっと同じ遺伝子情報を保っているように思われていますが、遺伝子情報はところどころ書き換えられています。* 生まれたときのＤＮＡと死ぬときのＤＮＡは部分的には違っています。

特に、脳はかなり変化をし、生まれたときの脳のＤＮＡと大人になってからの脳のゲノムＤＮＡは違います*（もちろん脳細胞全部が変わるわけではありません）。

ＤＮＡが書き換えられる要因の１つが、レトロウイルスに似ているレトロトランスポゾン（逆転写酵素をもつ、移動可能な塩基配列）と呼ばれるものです。動物によっては逆転写酵素によって内在性レトロウイルス由来の細胞のＤＮＡを書き換えている可能性もあります。

昔はＤＮＡを書き換える（書き加える）ことができるのはレトロウイルスだけと考えられていましたが、レトロウイルス以外のＲＮＡウイルスも宿主のゲノムＤＮＡを書き換えることができることがわかってきています。その代表がボルナウイルスです。*

レトロウイルス以外のＲＮＡウイルスは、ウイルス自身はＤＮＡを書き換える（書き加える）ための逆転写酵素機能をもっていませんが、ＤＮＡの中に組み込まれているＬＩＮＥ（１４２ページ参照）の逆転写酵素を使って、ＤＮＡを追加していくようです。

ただし、頻度は非常に少なく、レトロウイルスがＤＮＡを書き加えるケースのほうが圧倒的に多数派です。

レトロウイルスによってがんの発生機構が解明された

１９６０年代、電子顕微鏡の開発とともにウイルスが数多く発見されました。当時はウイルスで動物のがんが起こることがわかり、１９６０年代の終わりから１９７０年代にかけて、動物にがんを起こすウイルスがたくさん発見されました。

マウスやネコやニワトリで、感染するとがんになったり、白血病やリンパ腫になったりするウイルスが発見されたんです。

もしかしたらヒトでも多くのがんはウイルス性ではないかと見られていた時代でもありましたので、ヒトにがんを起こすウイルスの探索が続きました。

当時のアメリカでは、ニクソン大統領がベトナム戦争（１９５５〜75）の終結に手間取っていて、窮地に陥っていました。政権への支持を回復させたいという意図もあり、ニクソン大統領は１９７１年12月23日に「これからはがんとの戦いである」と宣言。がんの研究に巨額の予算を付ける法案にサインしました。ケネディ政権、ジョンソン政権から受け継いだアポロ計画は、ニクソン政権で月面着陸に成功して計画が実現したため、「次は、がんプロジェクトだ」ということになったのです。

翌1972年に、人の横紋筋肉腫(おうもんきんにくしゅ)からレトロウイルスが発見されたという論文が発表されました。*「これこそが人のがんを引き起こすレトロウイルスだ」と言われましたが、これは間違いであることが後に判明しました。人に感染したレトロウイルスではなく、ネコがもともともっていた内在性レトロウイルスだったんです。*

当時はがん細胞を試験管の中で増やすことが難しく、研究者はネコの脳に人のがん細胞を移植して研究をしていました。脳の中は免疫から比較的逃れられるので、ネコの脳内で人のがん組織を増殖させて実験をしていたのです。

その実験中に、ネコがもともともっていた内在性レトロウイルスが人の横紋筋肉腫に感染してしまったのです。ネコの内在性レトロウイルスを、ヒトのがんウイルスであると誤認してしまったのですね。*

1972年の発表は間違いではありましたが、政治的に動いて巨額の予算が付いたため、がんとウイルスの研究が進んでいきました。

アメリカ政府が「やる」と決めて、本気になって取り組むと、研究は急速に進んでいきます。1990年代の全ゲノムの解読も、あっという間に進んでいきました。

ヒトゲノムDNAには、レトロウイルス由来の配列が9%も入っている

細胞の核の中にあるDNAは、AGCTの塩基の文字列になっており、文字列が2本の鎖の状態で対になっています。文字列は、およそ30億個です。

このDNAの文字列をすべて解読しようという「ヒトゲノム・プロジェクト」構想が1989年に打ち出されました。

当時学部学生だった私は、「そんなの何十年かかるかわからない」と思っていました。当時の私たちの技術では、DNAの配列を1万個解読するのに数週間かかっていましたから。しかし、アメリカ政府が強い政治的意思を示したため、解読は急速に進んでいきました。

私の学生の頃は、DNAの配列を調べるには、ガラス板に挟まれた大きなゲルに放射線同位元素でラベルをしたサンプルを泳動して、そのゲルを乾燥させて、フィルムに焼き付けて、目視で遺伝子配列を読んでいったものです。しかし、その後、細い管にサンプルを通して、放射性同位元素を使わずに、自動で読み取る、オートシークエンサーというものが開発されました。この大きな技術革新により、なんと10年ほどで、全ゲノムの解読が終了してしまったのです。

解読されて、研究者たちが驚いたのは、体を作るためのタンパク質をコードする遺伝子の少なさです。

「人間は高等で複雑な生き物だから、体のタンパク質を作るために他の生き物よりも多くの遺伝子が使われているだろう」と思われていましたが、解読してみると、タンパク質合成に使われている部分は、30億塩基対のうち、わずか約1・5％。[*] ショウジョウバエの体に使われている遺伝子情報の数とたいして変わらなかったのです。

ゲノムDNA情報のうち、1・5％さえあれば、人間は体を維持して生きていけるということなのでしょうか。

残りの98・5％はどんな役割を果たしているかよくわからず、「ジャンク情報」と言う研究者もいました。ですが私は、「本当にジャンクなんだろうか。本当は必要なのではないか。進化に関係しているのではないか？」と考えていました。

まず、そのジャンクと言われた98・5％のゲノムDNAの配列にリピートしているものがあります。長い反復配列と短い反復配列がそれです。長い反復配列はLINE（long interspersed nuclear element）、短い反復配列は、SINE（short interspersed nuclear element）と呼ばれています。

ＬＩＮＥはレトロウイルスと同じく逆転写酵素の配列をもっています。ＬＩＮＥは逆転写酵素によってＤＮＡを増殖し、ゲノムでのＤＮＡ配列を増やしていくことができるということです。それに対し、ＳＩＮＥは逆転写酵素の配列をもっていません。ですからＳＩＮＥだけでＤＮＡの配列を増やしていくことはできないのですが、実はＳＩＮＥとＬＩＮＥの相互作用によってゲノムＤＮＡの配列を増やしているのです。このようにしてゲノムＤＮＡを増やしていける仕組みが、ゲノムＤＮＡ自身の中に組み込まれています。最近になって、ＳＩＮＥやＬＩＮＥが進化に大きく関わっていることも明らかになっています。*

また、ＤＮＡの中には、古代のレトロウイルスである内在性レトロウイルスの配列が８％入っていることもわかりました。その後研究が進み、現在では９％以上入っていることがわかっています。*

私の学生時代（１９８０年代）から、ヒトの遺伝子情報の中には、レトロウイルスの配列が入っていることはわかっていました。１９８４年頃には１％くらいは入っているだろうと予想されていたのですが、ゲノムプロジェクトにより８％も入っていることがわかったため、研究者たちは驚いたのです。

30億塩基対の８％がレトロウイルス由来の配列で、人間の体を作っているタンパク質の遺伝情報の5倍以上もの量だったのです。ちなみに、マウスの場合は、レトロウイルスの配列は10％入っています。大昔に流行したレトロウイルスが、ヒトを含む哺乳類の生殖細胞に感染し、それが子孫に受け継がれて、体の一部になっているわけです。

DNAの「コピー&ペースト」を行うレトロトランスポゾン

先ほど内在性レトロウイルスやLINEは逆転写酵素をもっていると述べました。逆転写してDNAを増やしていくことは、「レトロトランスポジション」と呼ばれています。

レトロトランスポジションは、パソコン用語で言えば、コピー&ペーストです。文字列（DNA）の一部をコピーしてクリップボード（RNA）に転写し、ペーストによって、クリップボード（RNA）から文字列（DNA）の中に逆転写する。コピー&ペースト（コピペ）ですから、コピペを繰り返すほど、文字列は反復していきます。こうして、どんどんDNAの配列を増やしていくのがレトロトランスポジション、増えていく配列がレトロトランスポゾンです。

内在性レトロウイルス、LINE、SINEの3つは、レトロトランスポジションができる要素ですから、レトロトランスポゾン（もしくはレトロエレメント）と呼ばれています。

レトロトランスポジションに対して、「トランスポジション」というものがあります。こちらは、DNAを切り取って、別の部分に入れ替える配列です。パソコンで言えば、「カット&ペースト」です。カット&ペーストですから、元の配列の数が増えることはありません。DNAの一部が切り離されて、ピョンと跳んで、別のところにスポッと入っていきます。トランスポジションで移動していくのが、トランスポゾンです。

トランスポジションの場合、例えばDNA配列の中から「A、B、C」が一気にスッポリと抜けてしまって、別の部分に「A、B、C」が入ります。カット&ペーストです。

レトロトランスポジションだと、たとえば「A、B、C」がコピーされていろいろなところに「A、B、C」がペーストされ、DNAが増えていきます。

生物はトランスポゾンとレトロトランスポゾンの両者を使って、順番を変えることもあれば、重ねることもあるなど、いろいろなパターンでDNAコンテンツをダイナミックに改変しています。

生物が進化するためには、遺伝子の配列を入れ替えたりすることが必要です。遺伝子をコピペで増やすレトロトランスポゾンも、遺伝子をカット&ペーストで別の場所に入れ替えるトランスポゾンも、生物の進化に役立っているんです。

図5－2　ヒトゲノムにおけるレトロエレメントの割合

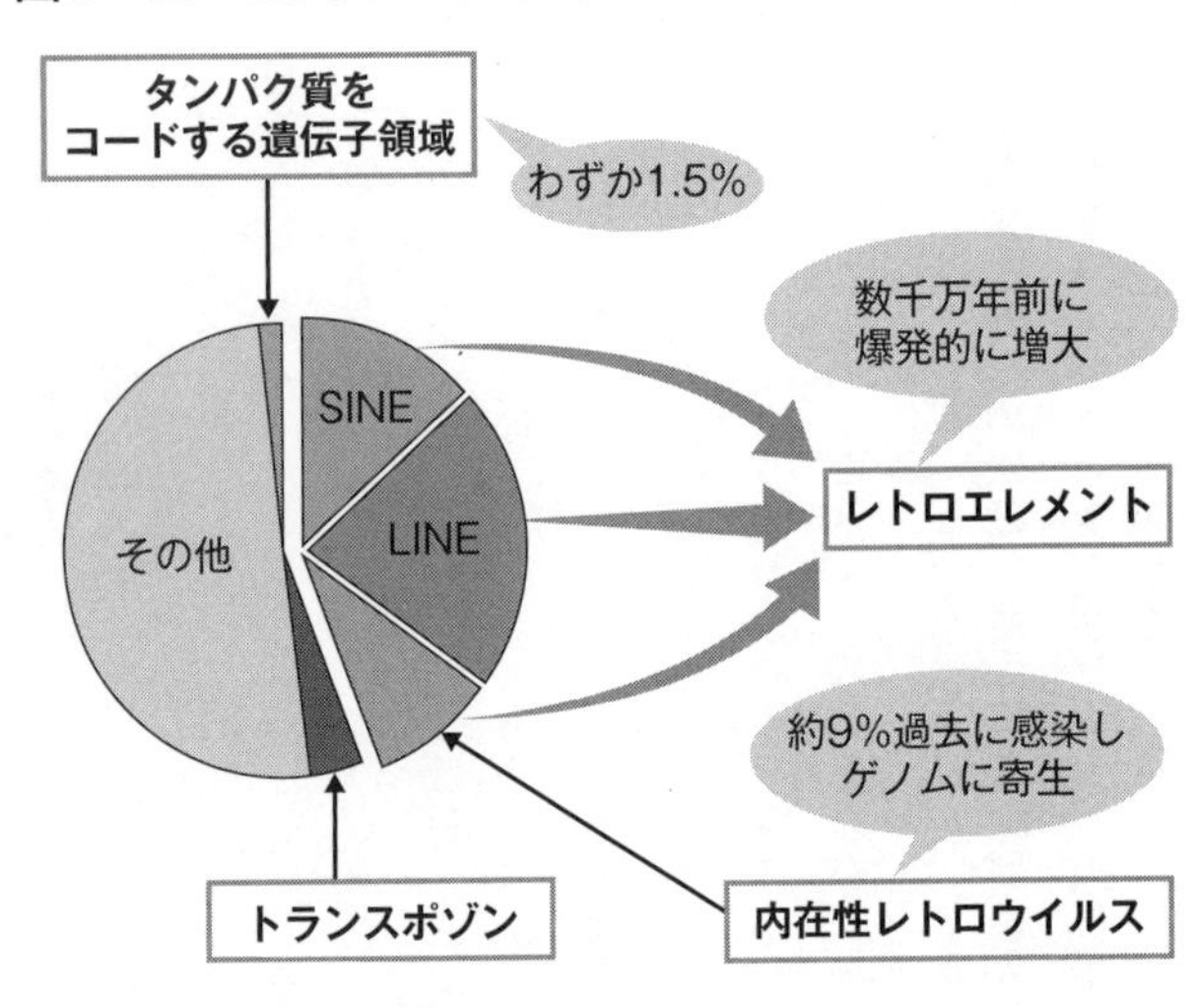

私は、レトロウイルス由来のＤＮＡも生物の進化に大いに関係していると考え、ずっとそれを主張してきましたが、「ウイルスによって生物が進化するなんて、ありえない。宮沢はトンデモだ」とよく言われました。

今はレトロトランスポゾンやトランスポゾンの働きが解明されつつあり、「レトロウイルスも進化に関係している」ことは明確になっています。

図５－２はヒトゲノムの構成要素をグラフにしたものですが、円グラフの左半分の「その他」の部分は、まったくわからない部分です。宇宙を構成するまったく正体不明の物質にたとえれば、「ダークマター」

です。どういう役割を果たしているのかはわかりませんが、ジャンクではなく、重要な働きをしているのであろうということは想像ができます。

残念ながら、ＤＮＡ情報のうち半分くらいは、いまだにまったくわかっていない状態なのです。わかってきた半分の中でも、内在性レトロウイルス、ＬＩＮＥ、ＳＩＮＥ、トランスポゾンなど、ＤＮＡの大部分も、まだまだわからないことだらけなのです。

レトロウイルスの存在意義

共に逆転写酵素をもつＬＩＮＥと内在性レトロウイルスの違いは、「両端に反復配列を持っているかどうか」です。配列の両端に何百塩基対の長い反復配列（ＬＴＲ　long terminal repeat）をもっているのが、ＬＴＲ型レトロトランスポゾンで、これが広義の内在性レトロウイルスです。両端のＬＴＲはペアになっており、挟まれた部分がレトロウイルスの遺伝子配列です。

細胞内部で活動していたレトロトランスポゾンが、タンパク質でできた殻とエンベロープをまとって細胞の外に飛び出るようになると、「レトロウイルス」と呼ばれることになります。

細胞の外に飛び出したレトロウイルスは、他の細胞に感染して、その細胞の核の中に入り

図5-3　LINE、SINEの分類

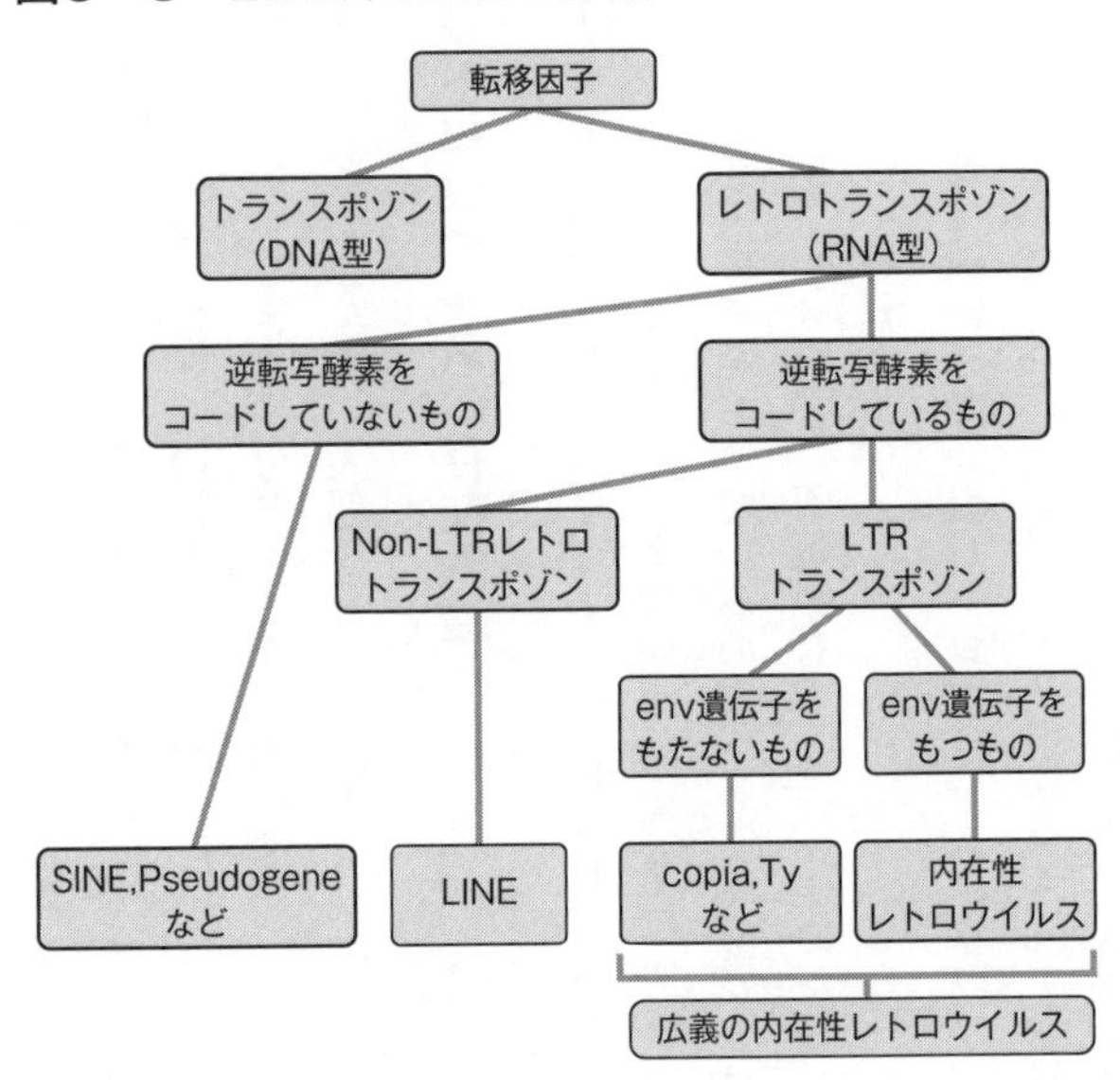

込み、宿主のゲノム情報にウイルスの情報を書き込み、情報そのものの量（コンテンツ）を増大させます。**進化のためにゲノムコンテンツを増やすことがレトロウイルスの本来の存在意義**だったのでしょう。

トランスポゾン（DNAのカット&ペースト）、レトロトランスポゾン（DNAのコピー&ペースト）が及ぼす影響は、進化にとっては非常に重要です。

ある配列のDNAに別の配列のDNAが入り込むと、DNAの配列パターンが変わって、違うタンパク質ができたり、タンパク質の発現量が

変わったりします。また、特別な臓器でしかタンパク質を作れないようになったりします。それまでのタンパク質生成から、質も量も特性も大きく変化するわけです。つまり、体を組成するタンパク質が変化するということですから、当然体の形や機能も変わる。この変化の繰り返しが、進化につながっていったと考えられるのです。

ウイルスは、遺伝子配列の貸し借りをしている

内在性レトロウイルスが、エンベロープをまとって細胞外に飛び出すとレトロウイルスになりますが、では、エンベロープを作るタンパク質はどこから来たのでしょうか。

昆虫のエランティウイルス（ＲＮＡ型ウイルス）はレトロウイルスと同じような生活環をとります。つまり昆虫版のレトロウイルスです。エランティウイルスのエンベロープのタンパク質の由来は、バキュロウイルス（ＤＮＡ型ウイルス）という昆虫に感染するウイルスに類似していることがわかりました。*まったく関係のないウイルスの遺伝子を拝借して、エンベロープを作っていたんです。

そのバキュロウイルスは、オルソミクソウイルスというインフルエンザウイルスを含むウイルス科から遺伝子を拝借しているようなのです。*

イメージ的に言えば、ウイルスはお互いに「お前の遺伝子をくれ」と言って、遺伝子の貸し借りをしているようなのです。

近縁のウイルスから借りてくるのなら、まだわかりますが、縁もゆかりもない遠縁のウイルスから「お前の遺伝子、いただき」という感じで、遺伝子をもらってきて、自分の遺伝子の中に組み入れています。そうやって、お互いに遺伝子をパクり合って、ウイルスは生きながらえているようなのです。

体内に潜んでいた古代のウイルスの断片が目を覚ます

内在性レトロウイルスは、古代に生殖細胞に感染したレトロウイルスの配列が子孫にまで受け継がれてきたものです。ただし、その配列は元々の機能を失い、断片だけが生き残っている可能性もあります。

断片だけでは機能しないのですが、そこに新しいウイルスが感染すると、新たなウイルスの配列と古代のウイルスの断片の配列が組み合わさって、機能が復活してしまうことがあります。

ネコが新たに外来性レトロウイルス（ネコ白血病ウイルス）に感染して2、3年経つと、数百万年前にネコのゲノムDNAに入った内在性レトロウイルスの断片が取り込まれて、変異したウイルスが生まれることがわかりました。*

新たなウイルスの一部分と古代のウイルスの断片をリコンビネーション（組換え）することで、いわば、古代のウイルスが現代に復活するのです。

レトロウイルスの新種は、このようにして誕生していると考えられます。そして他のウイルスも同じようなやり方で生まれている可能性があります。エボラウイルスの場合、遺伝子を調べると、部分的にレトロウイルスとそっくりな配列が見つかります。おそらく、エボラウイルスは部分的に古代のレトロウイルスの遺伝子を拝借したのでしょう。

古代のウイルスが、長い眠りから目を覚まし、未来に再生するというのが、レトロウイルスの興味深い点です。

弱病原性のウイルスでも病気になることも

私がネコのレトロウイルスを研究していてわかったことは、体内で古代のウイルスとのリコンビネーション（組換え）で、新しいウイルスができるということだけでなく、古代のレトロウイルスの一部のタンパク質によって、弱病原性のウイルスが強毒化するケースがあるということです。*

通常のネコ白血病ウイルスは、確かに白血病やリンパ腫を起こすのですが、病気はゆっくり進行していきます。ところがネコで急性の免疫不全症を起こすウイルスがあります。このウイルスはネコ白血病ウイルスと遺伝的にほとんど同じなのですが、ある特定の配列に変異が入っていて、通常の細胞では増えることができません。ところが、なぜかそのウイルスは急激に増殖して、ネコは3か月ほどで死んでしまうケースが報告されたのです。*どうしてなのでしょうか？　なんと、それには、古代のレトロウイルスの配列が関与していたのです。

ネコ内在性レトロウイルスの1つが、ＦｅＬＩＸと呼ばれるタンパク質を作っています。その機能は謎だったのですが、変異が入って通常の細胞に感染できなくなった変異ウイルスの感染をＦｅＬＩＸタンパク質が助けていたのです。*つまり、増殖性を失った変異ウイルスが内在性レトロウイルス由来のタンパク質の助けを借りて、増殖するのです。これには私も驚きました。このＦｅＬＩＸタンパク質はライオンやピューマなどには存在しません。*なぜ、ネコが生存に不利になるＦｅＬＩＸタンパク質を発現しているのかはわかりません。別の有利な機能があるのかもしれません。このような謎めいた内在性レトロウイルスのタンパク質は、ネコだけでなく、ヒトにも存在します。*私は生殖に必要なタンパク質ではないかと考えています。

一般的には、「病原性をもったウイルスによって病気になる」と考えられていますが、ウイルス自体には病原性はなくても、体内に残っている内在性レトロウイルスの断片が病態に深く関与していることもあるのです。そういう意味では、弱毒性のレトロウイルスだからといって、安心はできません。ウイルス自体は弱毒性でも、宿主のゲノムに残っている古代のウイルスの断片と結びつくことによって、病原性が発揮されることもあるのです。

ウイルスは生き残るために遺伝子をパクり合う

ウイルスの配列を調べていると、「あっ、このウイルスに似た配列は他にもある。他のところからパクったのでは？」と思うことがよくあります。他のウイルスの遺伝子の配列からパクったり、宿主の遺伝子の配列からパクったりしているようです。

おそらく、これはウイルスの生き残り戦略なのでしょう。

ウイルスは感染を広げて、自分のコピーを作って生き残りを図ります。しかし、ウイルスは自分自身では増殖できません。宿主の細胞を利用して増殖していきます。常に感染し続けなければ生き残れないのです。

免疫をもたない個体がいつもたくさんいればウイルスは生き残れますが、感染が広がると、そのままそのウイルスに対して免疫をもってしまいます。免疫をもった宿主ばかりになってしまったら、ウイルスは生存できなくなります。そこで、変異をしていくのですが、それでも限りがあります。そこで、いろいろなところから配列をパクって、自分自身を変化させることで生き残っています。

前述したように、インフルエンザウイルスの場合は、同じインフルエンザウイルス同士で分節を交換してパクり合っています。ブタのインフルエンザと、ニワトリのインフルエンザと、ヒトのインフルエンザは、分節を交換して大きく変化していきます。

インフルエンザウイルスやブニヤウイルスのように近親のウイルス同士で分節を交換することもありますが、まったく別のウイルスと配列を交換することもあります。ウイルスも生き残りに必死なんです。

すべての宿主が短期間に免疫をもってしまうかもしれませんので、ウイルスは進化のスピードを速めざるをえなくなります。単に複製ミスによる変異だけではなく、別のウイルスとの組換え、分節の交換、さらには、どういう仕組みで行われるのかわからないのですが、まったく別系統のウイルスの遺伝子や宿主の遺伝子を拝借して生き残っているようです。

第6章

ヒトの胎盤はレトロウイルスによって生まれた

胎盤形成にレトロウイルスが関係していた

レトロウイルスとの関係で私たちが長年着目しているのが、哺乳類の「胎盤」です。胎盤をもっている生物は哺乳類（有袋類［コアラなど］、単孔類［カモノハシなど］を除く）以外にも、一部の爬虫類（はちゅうるい）や魚類でも見つかっていますが、しっかりとした胎盤をもっているのは哺乳類だけです。

１９７０年代に、哺乳類の胎盤からレトロウイルス様粒子が非常に多く出ていることもわかりました。そのためその当時から、胎盤とレトロウイルスには何か関係がありそうだということは予想されていました。

１９８０年代にＨＴＬＶやＨＩＶなどヒトのレトロウイルスが発見され、それ以降、ヒトの世界でもレトロウイルスの研究は盛んになってきました。

私は学生の頃からずっと、レトロウイルスと胎盤の関係に着目していました。母親にとって胎子は異物ですから、本来なら免疫機能により排除しなければなりません。ところが排除をしない。おそらく、局所的に何らかの免疫抑制状態を生み出していると考えられます。私は、レトロウイルスが局所的な免疫抑制状態を生み出す役割を担って、胎児を維持しているのではないかという仮説を学部学生時代に立てました。

学生時代、すぐにでも内在性レトロウイルスの研究を始めたかったのですが、大学でのウイルス研究は、ほぼすべて病原性ウイルスの研究です。やりたかった内在性レトロウイルスを研究する機会は訪れませんでした。

1990年代くらいから、胎盤とレトロウイルスの関係についての論文が出てくるようになりましたが、これぞという論文は発表されていませんでした。

2000年になってようやく、イギリスの『ネイチャー』誌に"Syncytin is a captive retroviral envelope protein involved in human placental morphogenesis"という論文が発表されました。* シンシチン（syncytin）というレトロウイルス由来のタンパク質がヒトの胎盤形成の際に使われているというものです。

ヒトが生まれるときには、卵巣から卵子が出て、卵管で精子と受精して受精卵になります。受精卵は卵管をコロコロと転がりながら通って成長し、その間細胞分裂して胚盤胞（はいばんほう）になります。これが子宮に流れていき、子宮壁にくっついて着床します。

着床という言葉から想像されるのは、単にくっつくだけのイメージかもしれませんが、ヒトやマウスの場合は、実際には母親の子宮壁にめり込んでいくんです。「エグい」といって

図6－1　胚盤胞の着床

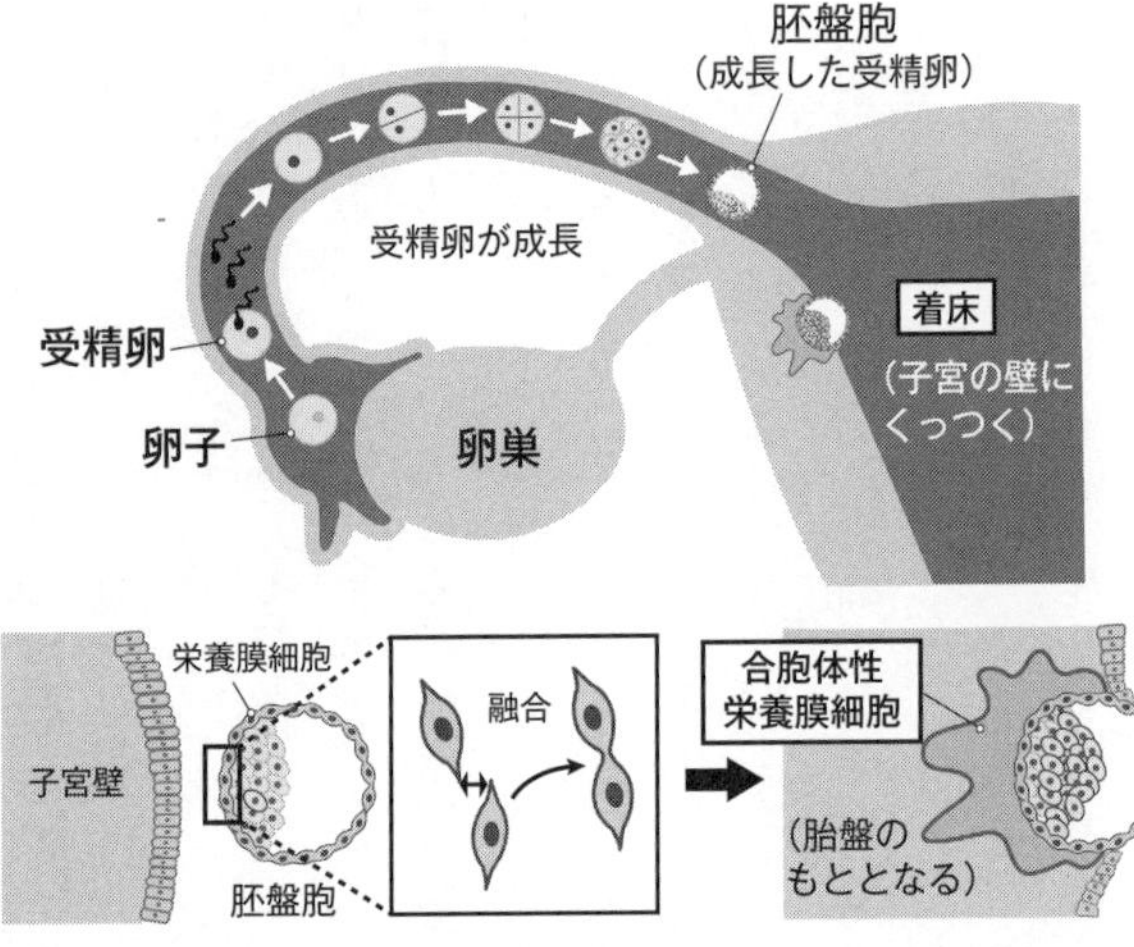

もいいような状態で、母親の子宮壁を壊し、母親の血管も壊して、中に入り込んでいきます。

胚盤胞の外側の膜を栄養膜といいますが、子供の胚盤胞の、栄養膜の細胞がお互いに融合して、合胞体性栄養膜を作ります。合胞体性栄養膜の細胞からタンパク分解酵素が産生され、母親の子宮壁の細胞を融かして、胚盤胞が子宮壁の内部にめり込んでいきます。融合した合胞体性栄養膜細胞が胎盤の素となります。

この融合細胞を作るときに使われているタンパク質の配列が２０００年に同定されたのですが、すでにレトロウイルスとして登録されていたヒト内在性レトロウイルス

（ＨＥＲＶ）の配列と同じだったのです。このウイルスは、大昔にヒトの祖先動物に感染し、ゲノムに入り込んだと考えられます。この研究は古代のレトロウイルスがヒトの胎盤の進化に関わっていたということを証明したのです。私はノーベル賞級の発見だと思います。しかし、この研究はノーベル医学生理学賞は取れません。最近のノーベル医学生理学賞は人の医学に貢献しないと取れないのです。ノーベル生物学賞があったら確実に受賞でしょう。

融合細胞を作るタンパク質シンシチンに使われていたヒトの内在性レトロウイルスの配列は、ＨＥＲＶ－Ｗというものです。ＨＥＲＶ－Ｗは、２５００万年から３０００万年くらい前に哺乳類が感染したレトロウイルス由来の配列です。

シンシチンの研究が契機となり、胎盤とレトロウイルスとの関係の研究がさらに進みました。私たちも、細々とですが、その研究に入っていきました。

着床時の免疫抑制にもレトロウイルスが使われている

私は獣医ですから、いろいろな動物の胎盤の構造を習って知っています。動物によって胎盤の形状と構造は大きく異なっています。

ウマとブタの胎盤は全体が毛むくじゃらのようになった散在性胎盤。ウシとヒツジの胎盤は小さい胎盤節がたくさん集まって1本の血管でまとまってガス交換をしている叢毛性胎盤。ネコとイヌの胎盤は胎児を帯のように包んでいる帯状胎盤。ヒトとマウスの胎盤は円盤状でそこに胎児がくっついている盤状胎盤です*。

見た目も構造もまったく違っていますが、組織学的にも大きく異なります。なぜこれほどまでに多様なのか、そのカギはそれぞれの動物が感染したレトロウイルスに差があったからなのではないかと考えました。

大きな融合細胞を作り出す胎盤をもっているのはヒトとマウスです。ウマやブタは、母親の細胞と子供の細胞が接しているだけで、融合細胞は作り出しません。ウシやヒツジは、中間型です。

ヒトやマウスは、母親の子宮壁の奥深くに子供の胚がめり込みます。母親の血管も破壊し、母親の血流が胎子側の合胞体性栄養膜細胞に直接接します。母親の血管の赤血球から直接ガス交換ができますから、生存上、有利です。地球上で酸素濃度が減ってしまった場合でも、ガス交換が効率的なこの胎盤をもつ哺乳類の一群は、生き残る可能性が高くなります。

しかしながら、1つ大きな問題があります。母親の細胞にめり込み、血流が胎子由来の融合細胞（合胞体性栄養膜細胞）に当たると、母親の免疫細胞から異物として強く攻撃されて

図6－2　哺乳類の胎盤の多様性

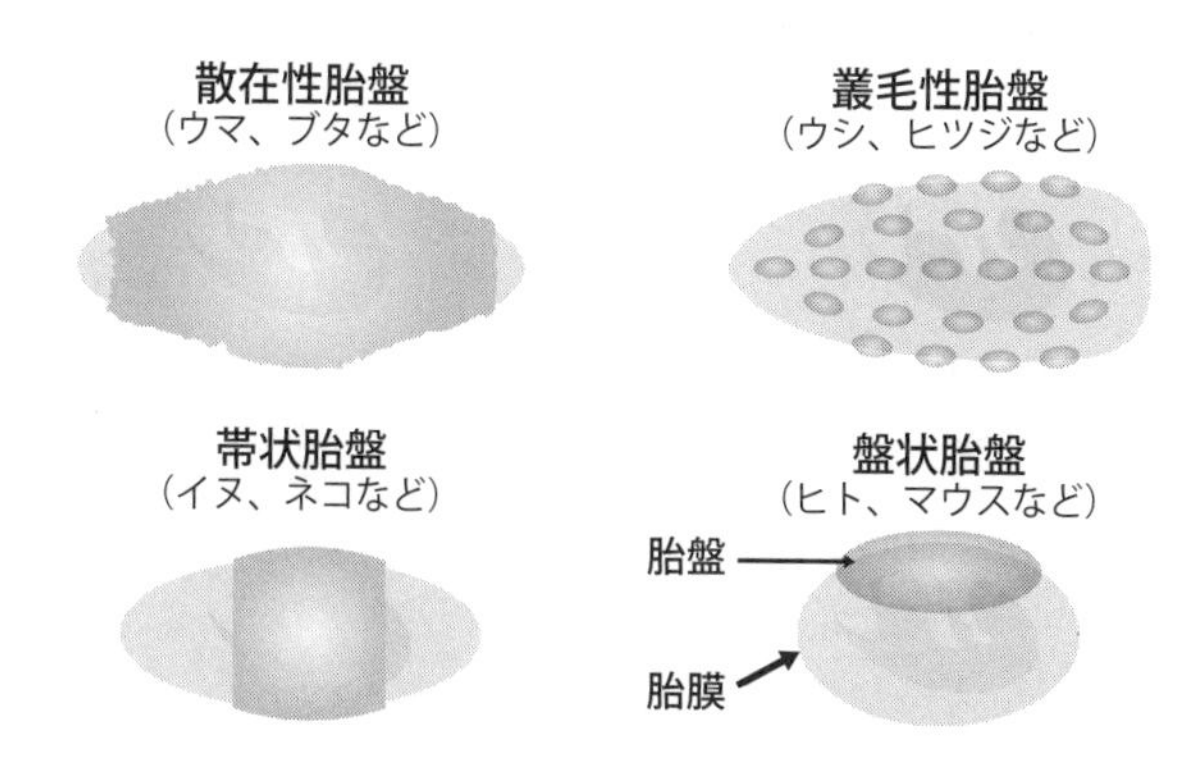

出典：Miyazawa & Nakaya（2015）

しまう恐れがあるのです。

子供の細胞には父親の遺伝子が含まれていて、胎子は母親にとっては排除すべき異物なのです。母親の液中の免疫細胞が胎子を異物とみなせば攻撃します。

なぜ、胎子は母親の免疫細胞に攻撃されずにすんでいるのか？　そこにも、レトロウイルスの配列が関係していると考えられます。胎盤形成のときに人の胎盤で発現するもう1つのタンパク質「シンシチン2」は、細胞の融合活性は低いのですが、免疫抑制性の配列を含んでいることがわかりました。胎児が母親から攻撃されないように免疫抑制をしているようなのです。

シンシチン2はＨＥＲＶ－Ｗとは異なる内在性レトロウイルス、ＨＥＲＶ－ＦＲＤ由来の遺伝子です。HERV－FRDは4000万年くらい前に霊長類の祖先動物が感染したレトロウイルスです。

レトロウイルスの1つである動物の白血病ウイルスは、免疫機能を弱める短い遺伝子配列をもっています。哺乳類はこの配列を巧みに利用して、母親の免疫細胞の機能を抑制していると考えられています。レトロウイルスの免疫抑制能力を使うことにより、胎子の細胞が母親の子宮壁にめり込んでも、母親から異物として攻撃を受けずにいられるのです。

ウシの胎盤形成に使われる「フェマトリン1」を発見

ヒトとマウスの胚盤胞の着床は、胎子側の栄養膜細胞がたくさん融合するものですが、ウシではとんでもないことが起きています。ビックリしないで下さいね。

ヒトの胚盤胞は球状ですが、ウシの胚盤胞は何十センチもある紐状です。紐状の胚盤胞が母親の子宮小丘にくっついて着床します。この時、なんと胎仔の細胞の一部分が母親の細胞と完全に融合してしまいます。母親にとって異物である胎仔の細胞と母親の細胞が融合するなんて、信じられないと思いませんか？　私はこの事実を知ったとき、これはそのメカニズムを解明しなければという強い衝動にかられました。研究者の魂に火がついたというわけです。

通常、細胞分裂をするときには、1個の核が分裂して2個になり、2つの細胞に分かれます。

ところがウシの場合、子供の栄養膜細胞が着床するときには、一部の細胞（栄養膜細胞）で、1個の細胞の中で核分裂が起こり、核が2個になったのに細胞分裂しないで二核細胞になります。その二核細胞が母親の細胞（子宮内膜細胞）に近寄っていって、母親の細胞とくっついて3個の核をもつ融合細胞ができるんです。これを三核細胞といいます。

ウシは、子供の栄養膜細胞が一核細胞から二核細胞になると、妊娠維持ホルモンが出て、母親に「私は、あなたの子供ですよ。守ってね」といったようなシグナルを送ります。母親にシグナルを送りあるホルモンを渡そうとしますが、子供側から母親の血管内にホルモンを送り込まなければいけませんので、伝達効率はあまりよくありません。

そこで、母親の細胞と融合するんです。3核の融合細胞になると、母親の子宮壁側に移動することができます。そして、妊娠維持ホルモンを母親の血液中に効率良く届けることができるようになります。他にも胎仔側の組織と母親側の組織を密接に結びつける役目もあるかもしれません。

図6－3　ウシ栄養膜細胞の構造

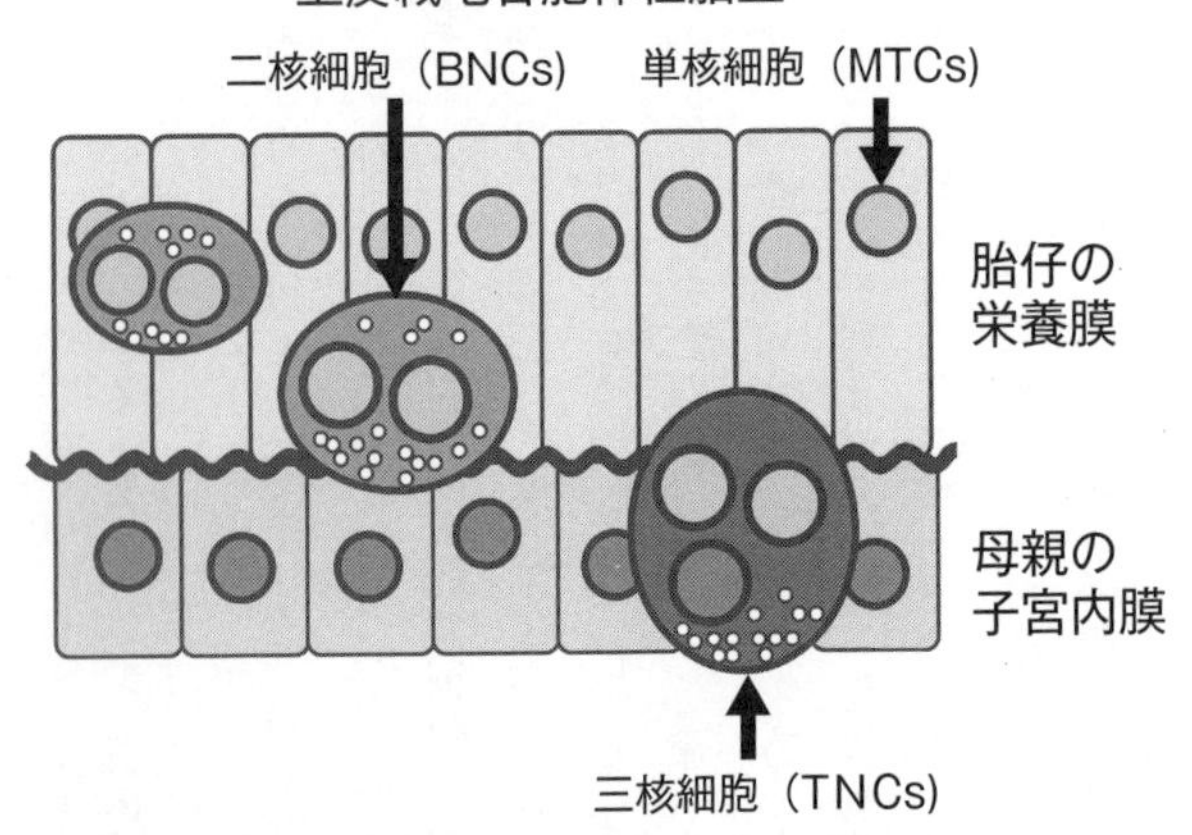

●二核細胞は様々な妊娠関連ホルモンを産生する。
●三核細胞は妊娠関連ホルモンを母胎に受け渡す。

どうして、こういう仕組みができたのでしょうか。

私たちの研究グループが7年ほどかけて調べていったところ、これもレトロウイルスと関係していることがわかりました*。私たちは、ウシの胎盤形成に使われる因子を発見し、フェマトリン1（fematrin-1　fetomaternal trinucleate cell inducer 1）と名付けました。これは、2500万年くらい前にウシに感染したレトロウイルス由来のBERV－K1（bovine endogenous retrovirus K1　ウシ内在性レトロウイルスK1）という配列でした。

7年もかけた大研究だったのですが、

『サイエンス』には載せてもらえず（苦笑）、別のウイルス専門誌に掲載されました。

ウシ科は、ウシ亜科とヤギ亜科に分かれます。ウシ亜科は、ウシ、バリギュウ、スイギュウ、シタツンガなどで、ヤギ亜科は、ヤギ、ヒツジなどです。

ＢＥＲＶ－Ｋ１というレトロウイルスは、２５００万年くらい前にウシ亜科に入り、ウシ亜科のゲノムＤＮＡ遺伝子を書き換えることに使われたと考えられます。ウシ亜科の胎盤はみな三核細胞をもっています。

他方、ヤギ亜科の胎盤の細胞は別の形態をしています。ですから、ヤギ亜科には別のレトロウイルスが使われていると推測されます。

オーストラリアが有袋類の国になった理由

このように、胎盤の進化には内在性レトロウイルスが不可欠ということが解明されつつあります。さらに、胎子や胎仔に対して攻撃する免疫を抑制したり、ホルモンの受け渡しを円滑にすることで、妊娠の維持に使われているのだろうと、私たちは考えています。

動物の胎盤で発現している内在性レトロウイルスを調べると、いろいろな内在性レトロウイルスが発現していることがわかってきました。このうち、機能がわかっているのはごくわ

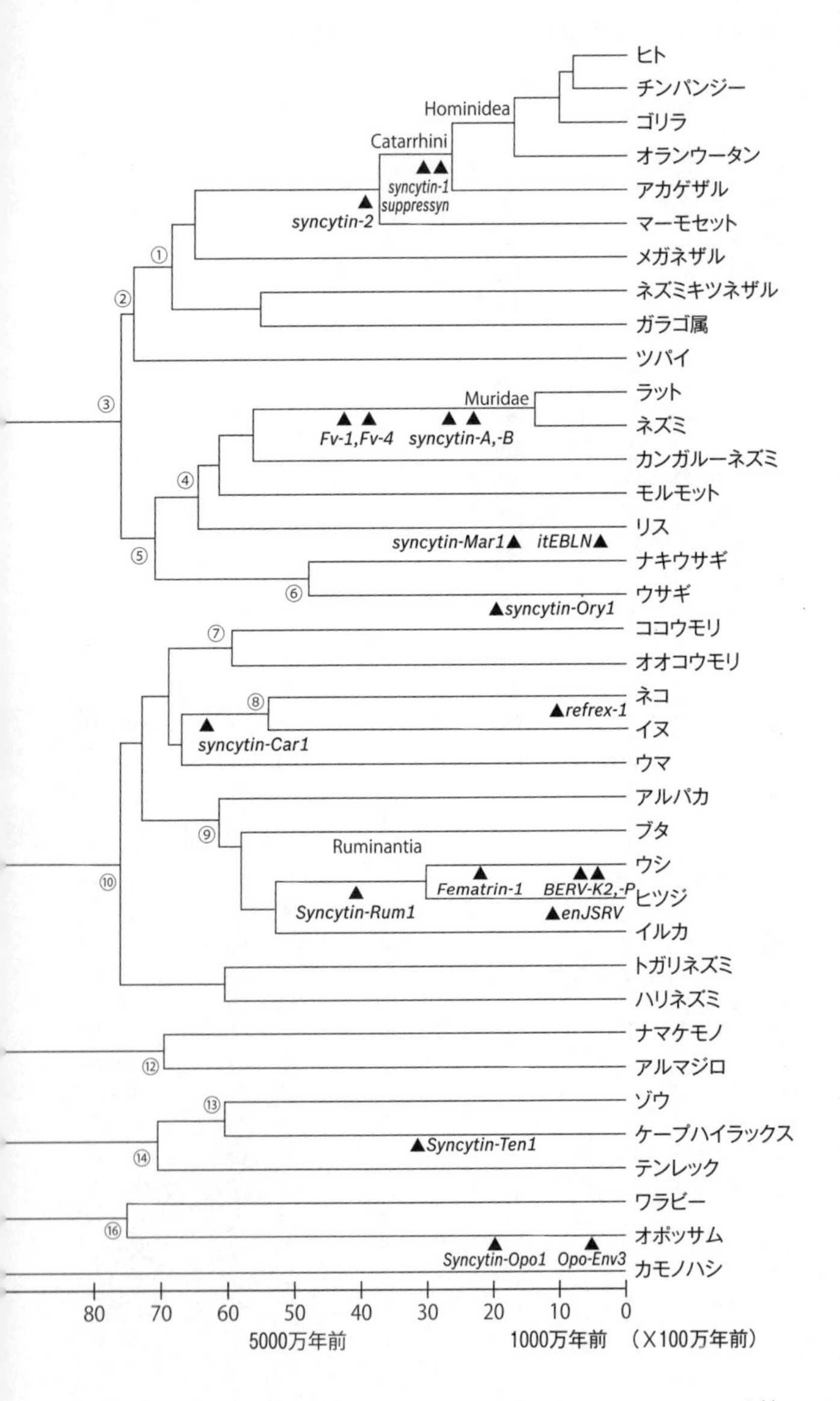
ヒト
チンパンジー
ゴリラ
オランウータン
アカゲザル
マーモセット
メガネザル
ネズミキツネザル
ガラゴ属
ツパイ
ラット
ネズミ
カンガルーネズミ
モルモット
リス
ナキウサギ
ウサギ
ココウモリ
オオコウモリ
ネコ
イヌ
ウマ
アルパカ
ブタ
ウシ
ヒツジ
イルカ
トガリネズミ
ハリネズミ
ナマケモノ
アルマジロ
ゾウ
ケープハイラックス
テンレック
ワラビー
オポッサム
カモノハシ
Hominidea
Catarrhini
syncytin-1
suppressyn
syncytin-2
Muridae
Fv-1,Fv-4
syncytin-A,-B
syncytin-Mar1
itEBLN
syncytin-Ory1
refrex-1
syncytin-Car1
Ruminantia
Fematrin-1
BERV-K2,-P
Syncytin-Rum1
enJSRV
Syncytin-Ten1
Syncytin-Opo1
Opo-Env3
①
②
③
④
⑤
⑥
⑦
⑧
⑨
⑩
⑫
⑬
⑭
⑯
80
70
60
50
40
30
20
10
0
5000万年前
1000万年前
（X100万年前）

図6－4　真獣類の胎盤形成に関与する内在性レトロウイルス

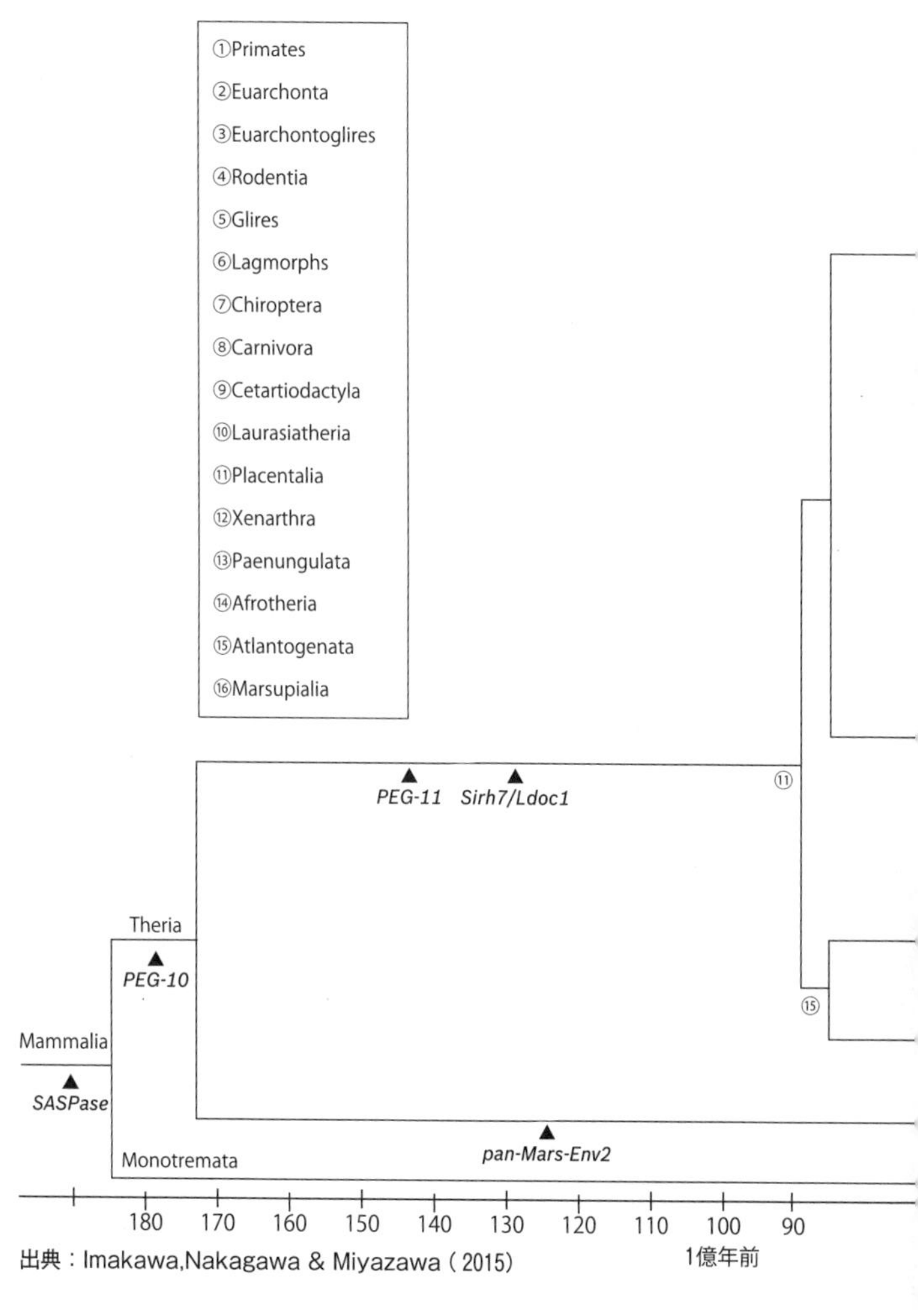

出典：Imakawa,Nakagawa & Miyazawa (2015)

ずかです。

前ページの系統樹の一番左の根っこの部分を見ると、PEG-10やPEG-11というものがありますね。胎盤の素になっているのは、1億8000万年くらい前に入ったPEG-10、1億数千万年くらい前に入ったPEG-11のようなレトロトランスポゾンではないかと考えられます*。

研究により、過去に感染したレトロウイルスの種類や、レトロウイルスをどのように利用したかによって、胎盤の種類が違っていることがわかってきました。

哺乳類の中でもコアラやカンガルーなどの有袋類は異例で、しっかりとした胎盤をもっていません。小さく生まれた赤ちゃんが母親のお腹の袋の中で育ちます。これは、オーストラリア大陸が6550万年前に我々の祖先動物（胎盤をもつ哺乳類〔真獣類〕）が進化した側から分断されていたことが原因かもしれません。オーストラリア大陸では胎盤を発達させるためのレトロウイルスが流行せず、哺乳類が胎盤を発達させることができなかった可能性があります。

オーストラリア大陸に最初に人間が入ったのは、諸説ありますが6万5000年ほど前だと考えられています。そして400年ほど前にヨーロッパ人が入っていきました。オーストトラリア先住民や欧州人の流入に伴って、ネズミや家畜などの動物も入り、動物由来のレトロウイルスも入っていったと推測されます。もしかしたら、有袋類はレトロウイルスが生殖細胞に侵入することをブロックするシステムが十分でないのかもしれません。興味深いことに、コアラは、生殖細胞へのレトロウイルスの侵入を現在も許しています。*恐竜が絶滅した6550万年以降に我々の祖先動物がレトロウイルスに感染して、ゲノムを複雑化して、多様化していったのですが、もしかすると、今のオーストラリア大陸の有袋類はその現象が現在進行形なのかもしれません。

私は恐竜が絶滅したての6550万年前頃の哺乳類とその進化に興味があるのですが、現在の有袋類とレトロウイルスを研究することでその解明のための手がかりが得られるかもしれません。ただ、私が生きている間には到底無理でしょう。若いみなさんに期待します。お墓で待っていますので、報告に来て下さい。楽しみにしています。

細胞の初期化にもレトロウイルスが関与している

受精卵は1つの細胞ですが、2つ、4つと倍々に分裂していきます。分裂を繰り返し、成長した胚が胚盤胞です。

胚盤胞の一番外側の膜の細胞は、母親の細胞と一緒に胎盤になります。胚盤胞の内側の細胞塊が胎子（胎仔）になります。

胚盤胞の内側の細胞塊を採ってきて、永遠に増殖するようにしたのが、ＥＳ細胞（embryonic stem cells　胚性幹細胞）で、ＥＳ細胞を真似して人工的に作ったのが、ｉＰＳ細胞（induced pluripotent stem cells　人工多能性幹細胞）です。

ｉＰＳ細胞は、体の組織に分化してしまった細胞を採取して、そこに4つの因子を導入して、分化前の状態に初期化したものです*。初期化されていますから、理論的にはどの組織や臓器にもなることができます。なので、再生医療では期待されています。

ただし、ｉＰＳ細胞から胎盤を作ることはできません。ＥＳ細胞の段階、つまり胎盤にはなれないところにまでしか戻せない。ｉＰＳ細胞は、細胞の初期化と言われていますが、完全な初期化ではないわけです。

受精卵は、胎盤も含めてどの細胞にもなることができますから、完全に初期化されています。では、分裂して2細胞になった状態では完全な初期化状態は維持（この状態を全能性「トチポテンシー」といいます）されているのでしょうか。２細胞になった段階で、２つに分かれてしまったケースとして二卵性双生児が生まれてくることがあります。２つに分かれた細胞は、それぞれ胎盤をつくって、着床することができるので、２細胞までは完全に初期化された全能細胞と言えます。

２細胞が分裂して４細胞になった状態はどうでしょうか。４細胞になってしまうと、受精卵が４つに分かれても、４つのそれぞれの細胞はもう胎盤を作ることはできません。つまり、全能細胞ではなくなってしまっているわけです。

胎盤を含むすべての細胞になることができる全能細胞、言い換えれば、完全に初期化された状態は、２細胞期胚までと考えられています。４つ以上の細胞になると、全能性は失われます。

iPS細胞の研究でノーベル賞を受賞した山中伸弥さんたちが開発した技術は、人工的に多能性幹細胞を作るというものであって、完全な初期化まではあと一歩の段階です。

ただ、完全な初期化が可能であることはわかっています。例えばブタでは、上皮由来繊維芽細胞などの体細胞の核を採ってきて、受精卵の核と入れ替えて培養すると２細胞や４細胞に分裂します。それを子宮に戻せば、子供が生まれます。つまり、皮膚の細胞に分化した後でも、受精卵の中に入れると、ＤＮＡが完全に初期化され、胎盤にも他の細胞にも何にでもなることができるというわけです。

この実験からわかったことは、受精卵の中には、完全に初期化する因子が入っているということです。残念ながら、その因子が何かまではわかっていません。

何かが働いて初期化されるのだけれども、遺伝子を直接初期化するタンパク質なのか、初期化するタンパク質を作るタンパク質なのか、それともタンパク質でないのか……定かではありません。

欧米の研究グループは、2012年に、全能性をもった2細胞までの段階と4細胞以降の段階で発現しているRNAの違いを調べました。両者は発現しているRNAがまったく違いました。2細胞までに発現しているRNAの配列を調べるとそのほとんどが、とある内在性レトロウイルスが制御しているRNAの配列であることがわかったのです。*

ですから、完全な初期化の過程にレトロウイルスが関与していることは、まず間違いないと考えられます。私が生きている間にその答えが知りたいところですが、これも無理かもしれません。

クローンヒツジ、ドリーの衝撃

哺乳類と違って、根や葉に分化した植物細胞を植物ホルモンによって未分化の初期胚の状態にリセットすることは、簡単にできます。例えば、ニンジンのどの部分の細胞を採ってきても、カルス培養して再分化させればニンジンの個体を作ることができます。つまり植物は簡単にクローンを作れます。両生類も、クローンを作るのはわりと簡単でした。カエルの幼生の腸の細胞を採ってきて受精卵の核と入れ替えることで、カエルの個体が生まれてきます。

哺乳類では進化すると、皮膚や腸などにいったん分化した細胞は、もう元に戻れないと考えられていました。ところが、スコットランドでクローンヒツジ、ドリーがつくられました。

「さすがに哺乳類ではそんなことができるわけがない」とずっと思われてきたのでみんなが驚きましたが、ヒツジの乳腺細胞を採り出して、未受精卵の核を取り除いて、乳腺細胞の核を入れ、分裂した受精卵を代理母のヒツジの子宮に移植したところ、クローンヒツジ（ドリーと命名）が誕生したんです。

これは、初期化する因子が未受精卵の中にあり、核を入れ替えるだけで乳腺細胞を初期化できることを意味しています。

そもそも生殖細胞には、初期化された全能性が維持されています。その初期化を維持するための物質が、レトロウイルスの配列によって作られている可能性があります。レトロウイルスの配列自体が初期化を制御しているのか、初期化を制御する物質をレトロウイルスの配列が作っているのかはわかりませんが、レトロウイルスが関与していると考えられます。

初期化因子が、レトロウイルスの配列をもったタンパク質であったとしたら、すぐに発見できると思うのですが、未だに発見できていないところを見ると、タンパク質ではない可能性もあると思います。

山中先生らが見つけた、iPS細胞を作るために細胞に導入される4つの因子は、初期化に直接作用するのではないかもしれません。初期化するタンパク質を発見したのであれば、そのタンパク質を同定して、分化した細胞に発現させればどんな哺乳動物でも簡単に初期化できるはずです。ところが、初期化できる動物とうまくいかない動物があるのです。それは単に手技的な問題なのかもしれませんが、本質的な初期化因子そのものがまだわかっていないのかもしれません。解明が待たれます。

また、iPS細胞をマウスとヒトで作ることに成功したので、「どんな動物でも同じ因子を使えば簡単にiPS細胞ができるのだろう」と思っている人もいるようですが、動物によってiPS細胞ができる動物と、iPS細胞ができない動物がいます。iPS細胞の4つの因子も、初期化因子の完全な答えではないのかもしれません。

ともあれ人類は体細胞（体細胞は体をつくっている細胞で生殖細胞とは異なる）をES細胞と類似した·iPS細胞の段階までは初期化できました。完全な初期化ではありませんが、理論的にはiPS細胞からあらゆる臓器を作れるはずですから、医療の面では事足ります。しかし、完全初期化のメカニズムの解明も重要です。

分化した細胞を完全初期化する因子は、タンパク質をコードしないRNA（ノンコーディングRNA）である可能性もあります。RNAはタンパク質を作る手順書ですが、ノンコーディングRNA自体も折りたたまれて、特殊な構造と機能をもつことがありますから、初期化因子として働いていても不思議ではありません。

謎はまだ残っていますが、謎を解くカギはヒトやマウス以外の哺乳類だと私は考えています。すべての動物に共通している因子を見つければ、それが答えではないかと思います。

クローン人間が生まれる可能性

ES細胞、iPS細胞は、理論的にはあらゆる臓器を作ることができますが、胎盤を作ることはできないとされてきました。ですが最近、新たな研究結果が生まれつつあります。

胚盤胞の外側の膜は、胎盤をも作れる全能性があり、これを永遠に増殖できるようにしたのがTS細胞（trophoblast stem cells）です。ES細胞からTS細胞には変換できないと言われていましたが、ある研究グループが、ES細胞から胎盤の細胞への変換に成功したと発表しています。*iPS細胞からTS細胞や胚盤胞への変換についても研究が進んでいます*が、まだ完全にはうまくいってないようです。理論的にはES細胞とTS細胞を組み合わせれば、クローンができるのですが、それはまだ成功していません。

ただ、今の技術でもヒトではクローン人間を作ることはできるでしょう。体細胞の核を受精卵の核と入れ替えて、胚を育てて、胚盤胞を代理母に移植すれば理論的にはクローン人間はできます。実際サルではクローンができています。*ただし、成人の細胞はゲノムDNAに傷（変異）が入っているので、正常なクローン人間を生み出せない可能性があります。倫理的にも現時点では許されないでしょう。

常識を覆すほど生命技術は進んでいる

現在の生命技術は非常に進んでいます。いずれ人工胎盤も開発されると思われます。人工的なタンクの中に人工胎盤と胚を入れてヒトを発生させる時代が来るかもしれません。動物の子宮でヒトの子を産ませる方法も考えられますが、動物に産ませるのは抵抗が強いでしょうから、人工的なタンクのほうが実現可能性は高いでしょう。

もしその技術が開発されたら、初めは不妊治療などに使われるでしょうが、いずれ普通の出産に使われる可能性もあります。妊娠して子供を産むことは、母体にとって大きなリスクがあります。人間はリスクの少ない安全なほうに傾いていきますから、普通の出産を人工的なタンクで行うのが一般化する時代が来るかもしれません。

「生殖に異常のある人はタンクで子供を産めるけれども、異常がない人はタンクを使ってはいけない、自分で産まなければならない」と決められたとしても、「不公平だ」という意見が強まれば、健康な人もタンクで産むようになるのではないかと想像しています。

このような生命技術が進めば、家族の概念はいずれなくなるかもしれません。親が子供を産む時代が終われば、家族の概念も、現在の概念とは違ってくるはずです。「倫理的にいかがなものか」という見方もあると思いますが、倫理観は時代によってかなり移り変わります。

私が子供の頃には、人工授精に対して「試験管ベビー」という呼び方がされ、「試験管ベビーなんて、本当にいいのか？」という議論がなされていました。しかし、今は、不妊治療として、普通に人工授精が行われています。

人間には様々な願望があります。「自分の子供はハンサムになって欲しい」、「かわいい子が生まれて欲しい」、「頭がいい子になって欲しい」、「スポーツのできる子になって欲しい」……。生命技術が進むと、いい遺伝子をもった子が選別されて生まれてくるかもしれません。もちろん、これが良いこととは私は思わないのですが……。

もしかしたら、国家が人口動態を考えて、必要な人口を増やそうとするかもしれません。人工的に子供を作る技術ができれば、人が人を作ることが国家統制になる可能性も考えられます。

子供は自然に生まれてくる存在ではなく、人工的に産んで、みんなで育てるもの、あるいは専門に育てる人が育てるもの、ということになれば、親子は元々存在しないという価値観になるかもしれません。「そんなバカな」と思われるかもしれませんが、技術が進むと、そういう未来が来てもおかしくないわけです。

実際、生殖技術の進歩は、ちょっと怖い未来が実現可能なくらいの段階にまで来ています。完全なクローン人間をつくることは許されないとしても、ヒトの臓器を作ることは、すでに始まっています。医療目的で、iPS細胞から様々な臓器を作る研究が行われています。今後は、臓器移植用のクローン人間を作るようになる可能性もあります。『家畜人ヤプー』

という小説がありましたが、まさにそんな世界です。脳をもたない、臓器を採るためだけのクローン人間を作ることになるのかもしれません。私は人類にはこんなふうになって欲しくはありませんが、ヒトの欲望は限りがないので、実現してしまう可能性があります。

ブタからヒトへの膵島細胞移植は実用化段階

人間の心臓移植には、亡くなった人の心臓が使われますが、脳死になる人がいないと心臓移植をすることはできません。そこで、研究が進んでいるのは、異種移植です。
サルはヒトに近い心臓をもっています。かつてヒヒの心臓をヒトに移植したことがありましたが、サルの心臓をヒトに移植するのは倫理上問題があるとされ、現在は行われていません。

現在は、ブタの心臓をヒトに移植する研究が行われています。ブタの心臓の構造はヒトの心臓に似ているんです。普通サイズのブタは、体重が２００キロから３６０キロありますから心臓が大きすぎますが、小さい時に取り出して移植すると大きさはちょうどいいのです。移植した先で、大きくなりすぎることはないそうです。

また、ミニブタと呼ばれる体重50キロくらいのブタがいます。ミニブタの心臓は、ヒトの心臓と同じくらいのサイズです。ブタは食用にしているくらいですから、動物倫理的にはそれほど障壁はありません。

もちろん、普通のブタの心臓をヒトに移植すれば、超急性の拒絶反応が起こります。ヒトの遺伝子を導入したり、特定のブタの遺伝子を壊した遺伝子改変ブタができるようになり、さらに、ブタのクローン技術が確立されて、ヒトに移植しても拒絶されないブタが開発されています。

遺伝子改変ブタの心臓をヒトへ移植する前に、ブタからサルへの心臓移植の実験が行われています。現時点では、ブタの心臓をサルに移植して数か月は維持できるようになっています。数か月は短いと思われるかもしれませんが、数か月ごとに心臓を取り替えれば、移植用のヒト心臓が手に入るまで生きることができます。

遺伝子改変ブタの臓器を使った異種移植の研究は、1990年くらいから活発化しました。どうしても取り除けない感染性の内在性レトロウイルスがブタゲノムに入っていることが1996年にロンドン大学で発見され*、WHO（世界保健機関）が実用化にストップをかけました。

その後、約20年かけて安全性の研究が行われ、現在は、異種移植用のブタの利用に再びゴーサインが出ています。ブタの膵臓由来の膵島（すいとう）細胞をヒトに移植する医療は、海外ではすでに始まっています*。

iPS細胞を使えば理論的にはあらゆる臓器を作ることができますが、試験管の中だけで作れる臓器は限られています。例えば複雑な構造をもつ臓器を試験管の中で作るのは困難ですから、動物の体内でヒトの臓器を作らせる基礎研究も進んでいます。ヒトのiPS細胞を使って、動物の体内でヒトの細胞由来の臓器を作らせるといった方法です。

この時に問題になるのは、内在性レトロウイルスです。ヒトに感染する内在性レトロウイルスが動物には存在するので、そこで作った臓器をヒトに移植しても良いのかという問題があります。しかし、ブタでは、ヒトに感染する可能性がある内在性レトロウイルスのほとんどすべてが取り除かれたブタ（ノックアウトブタ）も開発されています*。ただ、動物の発生には内在性レトロウイルスも関与しているので、内在性レトロウイルスをすべて取り除いた動物を作ることはできないでしょう。

このように倫理の障壁があるものの、技術革新はどんどん進んでいます。レトロウイルスの研究が進めば、さらに生命技術は進んでいくはずです。

しかし、何度も繰り返しますが、私にはそれが人類にとって良いものかどうか、わかりません。どんなに頑張ったところで、私たちは不老不死にはなれないのです。また家族の概念がなくなるのも哺乳類としてはとても悲しいことだと思います。これは後世の人間にとって、重大な問題になると思います。

レトロウイルスはがんにも効く?

ここまでに述べてこなかった点も含めて、内在性レトロウイルスについて、整理しておきましょう。

内在性レトロウイルスが担う生理機能は、少なくとも4つあります。

1つめは、胎盤形成。胎盤形成には内在性レトロウイルスは不可欠です。

2つめは、1980年代から明らかになっていることですが、一部の病原性レトロウイルスの感染防御です。内在性レトロウイルスが病原性レトロウイルスの感染を防ぐ役割を果たします。これはほぼ確実とされています。

3つめは、宿主遺伝子の発現調節。これもかなり前から明らかになっていることです。今回はほとんど紹介できなかったのですが、宿主の遺伝子の発現に内在性レトロウイルスが関与していることも知られています。

4つめは、iPS細胞の初期化・分化への関与です。iPS細胞の初期化やその維持に、内在性レトロウイルスが関係していることがわかっています。

このほか、私たちの研究グループが注目しているのは、内在性レトロウイルスとがん転移の関係です。一部のがんの転移にも、内在性レトロウイルスが関与しています*。胎盤に胚盤胞がめり込んでいく様子は、がん細胞が組織にめり込んでいく過程と非常に似ています。実際、がん細胞は、胚盤胞が胎盤にめり込むときと同じような酵素を出していることがわかっています。免疫から逃れる点も、がんと胎盤は似ています。

爬虫類や鳥類にもがんは生じますが、がんの転移に苦しむのは、哺乳類です。哺乳類は、進化の過程で胎盤をもつようになったときに、胎子の細胞が母親の組織にめり込む仕組みと、免疫から逃れる仕組みを発達させざるをえませんでした。ヒトが長生きするようになって、その制御が暴走するときがあり、それががんの発生と転移につながっているのではないかというのが、私の仮説です。

哺乳類ががんの転移で苦しんでいるのは、胎盤をもつことができるようになったバーター

〈引き替え〉ではないかと考えています。胎盤を得たおかげで哺乳類は子孫を増やすことに有利な状態になった。しかし、その代わりに、妊娠時に免疫を弱める状態を作り、それががん細胞でも発動し、がんの転移に苦しんでいるのではないかというのが私の仮説、いや妄想です。

実際にがん細胞は様々な内在性レトロウイルス由来の物質やウイルス粒子を出しています。マウスの実験で、転移性がんの一種であるメラノーマで発現する内在性レトロウイルスを除去（ノックアウト）したところ、がんの転移が止まったという論文も出ています*。私たちは、そこに目を付けています。

例えば、悪性の乳がんや大腸がんに特異的に発現する内在性レトロウイルスを見つけ、それを壊せば、がんの転移が止まる可能性があるのではないかと考えています。実際、今それを動物で試そうとしています。実験を進めているところですが、予算が足りずまだあまり進んでいません。このような先駆的な研究は日本では予算が付かないのが実情です。誰か支援してくれたら嬉しいのですが。

第7章

生物の進化に貢献してきたレトロウイルス

進化のためにはゲノムコンテンツを増大させることが必要

生物が大進化を遂げたときには、必ずゲノム従来（宿主のDNA）のコンテンツが増大しています。*

■20億年前　原核生物から真核生物になったときに、DNAの重複が起こり、ゲノムサイズが大きくなりました。

■10億年前　単細胞生物から多細胞生物になったときに、多細胞化のためにゲノムサイズが増大。

■5億年前　無脊椎動物（むせきついどうぶつ）から脊椎動物になったときに、ゲノムサイズが増大しました。無顎類（むがくるい）が生まれ、魚類が誕生し、やがて爬虫類が誕生しました。

これらの3回（原核→真核、単細胞→多細胞、無脊椎動物→脊椎動物）の大進化の際には、ゲノムの増大が起こりましたが、その手法は「重複」でした。

1セットのDNAを2セットに、2セットを4セットにするというイメージです。4セットくらいあると、1セットを大きく改変しても、まだ3セット残っています。
生物は、ゲノムDNA量を増大させながら進化してきたのです。
そして、レトロトランスポゾンもその役割を担っています。
ただ、最初の3回のゲノム増大のときには、まだレトロトランスポゾンは少なく、ゲノムを大幅に増大させることはありませんでした。

146ページで見たように、ヒトの30億塩基対の遺伝子の中では、レトロエレメントの部分が非常に多くを占めています。4割以上がレトロトランスポジションを行うレトロエレメントです。

哺乳類ではレトロエレメントが急激に増え始めたのは、6550万年ほど前に恐竜が絶滅して以降だと考えられています。哺乳類ではそれ以降、多様な生物が生まれたのですが、その際にレトロエレメントが使われたのではないかと私は考えています。

哺乳類は、今から約2億2500万年前の中生代に生まれています。そのころ、地球上には恐竜がいました。初期の哺乳類は、それほど大きいものはいませんでした。大きくても体長数十センチくらいだったようです。哺乳類は昆虫などを食べて細々と生きていましたが、多くは恐竜に食べられてしまう運命だったのでしょう。

ところが、6550万年前に恐竜が絶滅。地球上から恐竜がいなくなったため、哺乳類が恐竜がいなくなったニッチ（空き地）を埋めることになりました。そのときに、哺乳類は急激に多様化したのです。比較的単純な哺乳類しかいなかったのが、空を飛ぶコウモリから、ヒトに近いサルのような動物、海の中にはイルカやクジラ、ジュゴンなども現れました。体のサイズも、それまでは最大数十センチくらいだったのですが、マンモスやクジラのようなサイズの大きな哺乳類も登場したのです。

多様化するには、もちろん設計図であるゲノムDNAを変更しなければなりません。設計図を変える原動力になったのが、レトロトランスポジションを行うレトロエレメント（内在性レトロウイルス、SINE、LINE）であろうと思われます。レトロトランスポジションはコピー＆ペースト（コピペ）ですから、コピペすればするほどDNAは増大していきます。

皮膚の進化に使われてきたレトロウイルス

私たち哺乳類は、元々は魚類から両生類になり、単弓類になり、さらに進化をして哺乳類になっています。

この過程で皮膚の構造を変えざるをえませんでした。魚のときには水の中にいましたが、陸に上がると、皮膚が大気と触れますから、皮膚を乾燥に耐えるものにしなければなりません。魚類のときには多層上皮でしたが、両生類になると角化重層扁平上皮に進化し、これによって少しだけ乾燥に耐えられるようになりました。両生類の頃は未熟な角質層しかありませんでしたが、大半を陸の上で生きる爬虫類になると、強固な角質層になりました。

通常の哺乳類は、常時、陸の上で生活します。哺乳類の皮膚は、さらに強い乾燥に耐えられなければなりません。そのため保湿した柔らかい角質層のバリアができました。これは大きな進化でした。

哺乳類の皮膚の一番内側は魚類時代のものですが、乾燥に耐えるために、そこに3層の細胞が重なっています（顆粒層）。外側から1層、2層、3層が重なっていて、2層めの細胞は、細胞同士が固くくっついたタイトジャンクションとなっています。この部分が固いバリアとなって、内側を守り、皮膚の内側に湿気がある状態を保っています。

理化学研究所の松井毅先生は、皮膚の進化の過程で、何らかの特別な遺伝子を獲得しているのではないかと考えて研究を続けました。そして、皮膚の顆粒層の1層めの細胞（ＳＧ１

細胞）に特異的に発現するタンパク質を発見しました。[*]それがSASPaseという酵素です。SASPaseをノックアウトしたヌードマウス（無毛マウス）をつくってみると、皮膚がカサカサの乾燥肌になったそうです。[*]

保湿成分は、皮膚の顆粒層にあるプロフィラグリンというものが、角質層で分解されてフィラグリンになり、最終的に天然保湿成分の大部分を形成します。SASPaseのないマウスは、プロフィラグリンを分解できず、最終的な天然保湿成分を作れないことが明らかになりました。

SASPaseという酵素の配列は他の酵素の配列と違っており、調べてみると、古代のレトロウイルス由来のもので、レトロウイルス型のアスパラギン酸プロテアーゼと同じ配列であることが判明しました。古代に感染したレトロウイルスの配列がゲノムＤＮＡの中にスポンと入り、それによって作られたSASPaseが哺乳類の皮膚の表皮で働いて、保湿をしているのではないかと考えられるのです。

ただ、脊椎動物が海から陸へ上がったのは３億６５００万年も前のことであり、哺乳類になったのは２億２５００万年くらい前のことです。あまりにも昔の話なので、結論を出すことは難しいですが、おそらく次のようなことでしょう。

古代に感染したレトロウイルスがゲノムＤＮＡに新たな配列を書き加え、内在性レトロウイルスとして生物に受け継がれていった。その内在性レトロウイルスの配列を使って酵素を作り出して、乾燥しない保湿成分を作れるようになった。こうした進化によって、哺乳類が陸の上で生きていけるような最適の皮膚を獲得した。

生物は、少しずつ皮膚の機能を変え、魚類から両生類へ、両生類から爬虫類へ、爬虫類から哺乳類へと適応進化をしていきました。そこに古代のレトロウイルスがかかわっていると考えられます。

ＤＮＡを書き加えるレトロウイルスは、宿主と相互に関係し合っています。宿主に病気を起こすレトロウイルスもありますが、俯瞰（ふかん）してみれば、レトロウイルスは生物の進化を演出する立役者でもありました。

生物とウイルスは、相互作用することによって進化する「共進化」のプロセスを辿っているのです。

初期の哺乳類は、卵を産んでいた

地球と生物の歴史を振り返ってみます。

約46億年前に地球ができ、約38億年前に生命が誕生したと考えられています。５億４１００万年前〜2億５１９０万年前が古生代、2億５１９０万年前〜６５５０万年前が中生代、６５５０万年前〜現在が新生代です。

中生代には恐竜が栄えていましたが、６５５０万年前に恐竜が絶滅して、新生代は哺乳類の時代となりました。

ただ、「哺乳類の時代」といっても、人間が勝手に名付けているだけです。生物の体を構成している炭素の重量で比較してみると、哺乳類よりも植物のほうが圧倒的に炭素重量が大きいですし、植物を除けば、昆虫の炭素重量のほうが哺乳類をはるかに上回っています。人間はアリをバカにしているかもしれませんが、アリ全体の炭素重量とヒトの炭素重量はほぼ同じと見積もられています。

地球全体を見ると、哺乳類はごくわずか。宇宙人が地球を見たときには、おそらく「昆虫の惑星だ」と思うはずです。新生代が「哺乳類の時代」というのは、地球上で偉そうにしているのがヒトを含む哺乳類という意味です。私たちはおごってはいけません。地球では様々な生き物が繁栄しているのです。

哺乳類の始まりは、中生代初期の2億２５００万年前からと考えられています。

ただし、「哺乳類って何？」と問われると、定義は私にはよくわかりません。哺乳類の胎盤ができたのは、１億５０００万年くらい前ですから、初期の哺乳類には胎盤はなかったはずです。初期の哺乳類は卵を産んでいたのです。

卵を産んでいるのであれば、哺乳類と呼ぶのはおかしな話と思われるかも知れません。哺乳類と呼ばれている以上、哺乳が必要です。しかし、初期の哺乳類の骨を調べても、母乳が出る状態であったかどうかは、はっきりとわかっていません。骨の形を見て、眼窩（眼球の収まる頭蓋骨のくぼみ）や骨の構造で、哺乳類であろうと推測されているだけです。哺乳類の誕生というのは、正確に言えば、哺乳類のもとになった動物の誕生です。

最初の哺乳類は、今のところアデロバシレウスと言われています。想像図では毛むくじゃらですが、骨しか残っていませんから、毛が生えていたのかどうかもわかりません。あまりにも古いことなので、わからないことばかりです。横隔膜は哺乳類が獲得したものですが、いつ哺乳類が横隔膜を獲得したのかもよくわかりません。

仮説「恐竜の絶滅にもレトロウイルスが関与している」

生物の進化や多様化には、大陸の移動が大きな影響を与えてきました。

約2億1000万年前の三畳紀（中生代）に、テチス海と北大西洋がつながることによって、パンゲア大陸という1つの大陸が2つの大陸に分けられました。北の大陸がローラシア大陸、南の大陸がゴンドワナ大陸です。ローラシア大陸は現在の北アメリカ大陸とユーラシア大陸に当たり、ゴンドワナ大陸は、その他すべての大陸に当たります。日本列島はまだローラシア大陸から分離されていません。

このころは恐竜の時代ですが、ローラシア大陸には現在ローラシア獣類（ローラシア獣上月）と呼ばれる一群の哺乳類の祖先動物が住んでいました。

その後ゴンドワナ大陸が分裂して、約6550万年前の白亜紀末には、南極とオーストラリアが分断されました。大陸から分断されたオーストラリア大陸では、特異的に生物が進化していきました。

この白亜紀末に恐竜が絶滅し、哺乳類は生き残りました。

恐竜絶滅は、巨大隕石が地球に衝突したことが原因というのが通説です。しかし、隕石（いんせき）が衝突したのに、なぜか恐竜が絶滅し、哺乳類は生き残りました（ただし、鳥類は恐竜の末裔でもあるので、恐竜が絶滅したというわけではありません）。私は、巨大隕石は恐竜絶滅にとどめを刺しただけであり、その前から恐竜は絶滅に向かっていたのではないかと考え、ゲノム崩壊説を唱えています。

恐竜もレトロトランスポゾンでゲノムの改変をやったはずですが、あるときそれが制御できなくなり、一気に絶滅に向かったのではないかと妄想しています。恐竜は進化のためにゲノムの改変を許したのだと思いますが、一度は改変を防御しようとしそれに成功した。しかし、改変の防御を乗り越えるレトロウイルスが出てきて、改変を止められなくなってしまった。最終的にコントロール不能になり、生殖率が低下、絶滅に至った——という説です。私の説が正しいかどうかは、私が生きている間にはわからないでしょう。

なぜ、このようなことを大まじめに考えて、調べているのかというと、私たち哺乳類にも大絶滅は起こりうることだと思っているからです。

私たち生物にとって、ゲノムＤＮＡは非常に重要ですから、レトロウイルスに簡単にＤＮＡを書き加えられるようでは困ります。簡単には改変されないように様々なブロックシステムをもっています。ところが、レトロウイルスの１つであるＨＩＶは、ヒトのブロックシステムを乗り越える因子（Ｖｉｆタンパク質）を作って、ＤＮＡに侵入してきます。今のところ、生殖細胞は受容体の関係でＨＩＶの感染から完全にブロックされていますが、生殖細胞に感染するレトロウイルスがその遺伝子を獲得するとやっかいです。再び生殖細胞に遺伝子を積極的に書き込むレトロウイルスが出現するかもしれません。

ＤＮＡが書き加えられることによって進化が進む可能性もありますが、ゴチャゴチャにされてしまうと、生殖率が低下して一気に絶滅してしまう恐れもあります。恐竜（その末えいの鳥類）について調べることによって、進化と絶滅についてわかってくることもあるのではないかと考えています。

恐竜絶滅後の哺乳類は、レトロウイルスによるゲノム改変を許しながら、胎盤を改良するなどの進化を重ねてきました。しかし、その後、改変をブロックするシステムをうまく作り上げたために、ゲノムの極端な書き換えが起こらず、絶滅せずに現代まで生き延びてきたのかもしれません。

現生人類もいつかは絶滅して、次の進化へ

人類の歴史についても諸説ありますが、１３００万年くらい前にヒトの祖先動物が誕生したと言われています。その後、アウストラロピテクス、北京原人、ネアンデルタール人などが誕生しました。これらは既に絶滅しています。ただしネアンデルタール人は原生人類と混血したのかもしれません。

現在のホモサピエンス（新人）が誕生したのは20万年くらい前（一説には30万年前）です。人類の歴史は、46億年の地球の歴史から見ると、ごく最近のことです。

人類は永遠に続くと思われがちですが、生物学的には、現生人類が今後１００万年続くことは考えにくく、今後10万年続くかどうかもわかりません。その間には、本格的な氷河期もやってくるでしょう。とてつもない火山の大爆発も起こり、気候は一時的に激変するでしょう。今、人類が文明をこれだけ発達させて繁栄しているのは、たまたまここ数千年間、地球は大きな自然災害もなく安定していたからです。次の氷河期、あるいは大きな火山の爆発、あるいはあとで説明する太陽災害で、人類の文明があっけなく消滅する可能性はあると思っています。私たち研究者はその時のために、いかにして次の文明に現在の知識を伝えるかを真剣に議論しています。ハードディスクやＳＳＤメモリーを残したところで、次の文明には何の役にも立ちません。情報を取り出せないからです。

ともかく、現生人類が10万年後、１００万年後に絶滅した後に、現生人類とは違った別の人類的な生物が出てくるのかもしれませんが、いずれにしても、現生人類はやがて絶滅します。悲しいと思わないでください。これは自然の摂理です。

「人類は必ず絶滅します」と言うと、みなさんショックを受けるようですが、早晩、絶滅することは間違いありません。

生物の中には何百万年、何千万年、何億年と続いている種もありますが、人類の場合は、これまで旧型人類（化石人類）と何回も入れ替わっています。現生人類も、20万年続きましたから、そろそろ入れ替わっても不思議ではありません。

もしかすると、入れ替わりのスイッチはすでに入っているのかもしれません。先進国ではヒトの生殖率が明らかに下がってきています。ヒトの精子の数は少なくなっています。顕微鏡でチンパンジーやゴリラの精子と見比べてみると、ヒトの精子は運動強度が非常に弱々しく、生殖能力が下がっていることは間違いないと思われます。このままですと、将来的には人類は生殖能力を失ってしまうかもしれないと、危惧しています。もちろん、前に書いたように、科学技術によって人類を大量生産する時代が来るのかもしれません。

さらに突然の出来事によって、人類が絶滅してしまう可能性もあります。自然界は過酷なものです。大きな隕石が地球に衝突すれば人類が生存することはできなくなるかもしれません。火山が大爆発した場合も同じです。

スーパーやコンビニで買い物をしている時代から、野山に狩りをしに行かなければ食べるものが手に入らない時代になったときに、現代人が生き残ることができるかどうかはわかりません。

再びアフリカから新たな人類にとってかわる霊長類が出現するのかもしれませんが、いずれにしても、ひとたび地球環境が激変すれば現世人類は絶滅することになるでしょう。

しかし、生物全体が絶滅することはあと数億年はないでしょう。人類がいなくなっても、人類のような生物が繁栄するか、あるいは他の生物が繁栄するかもしれません。生物全体としては進化を続けていくはずです。ただ、今地球を覆っている海もいずれ（およそ6億年後とも見積もられている）干上がって消滅します。その頃はごく下等な生物しか生き残れないでしょう。さらに太陽にのみ込まれたら地球上の生命はすべて終わります。

宇宙線でレトロトランスポゾンが活性化する？

新型コロナウイルス（ＳＡＲＳ－ＣｏＶ－２）の「コロナ」という言葉が、もともとは太陽のコロナから来ていることは前述したとおりです。その太陽は、ときどき大きな爆発を起こして、コロナ質量放出（コロナのプラズマのかたまりが、惑星間空間に飛び出していく現象。プラズマとは特にこの場合、電子と分離した原子核が飛び回っている状態を指す）をし、電気を帯びた粒子が地球にやってきます。

地球は磁気を帯びていますから、地球の外側には磁気シールドができています。磁気シールドによって、太陽フレアやコロナ質量放出から私たちは守られています。

プラズマ電気を帯びた粒子ですから、磁気シールドでねじ曲げられて、電離層で大気中の原子や分子と衝突して発光し、オーロラが生じます。実は北極でオーロラが見えているときには、それとほぼ同じくらいのオーロラが南極でも見えています。

コロナ質量放出が大きいと、オーロラは中緯度でも見ることができるんです。実際に文献に残っています。

日本の古文書には赤気（せっき）（氣）という表現があり、「西の空に赤気が見えた」というような記録があります。日本各地の空で同じ日に赤気が見えたという記録があれば、火事ではなく、オーロラの可能性が高いでしょう。火事が同時に起こることはまずないので……。

海外の古い文献と照らし合わせて、同じ日時に赤い光が見えたという記述があれば、まず間違いなくオーロラです。言い換えれば、その日、地球は非常に大規模なコロナ質量放出を浴びたということです。

中世であれば、大規模なコロナ質量放出を浴びても社会的にそれほど大きな影響はなかったかもしれません。しかし、現代社会では巨大なコロナ質量放出を浴びると、深刻な事態に陥ります。送電線に巨大な電流が流れ、それが発電所に流れ、発電タービンが破壊されてしまうのです。

日本全国で、あるいは世界中で、全電源喪失という状態になります。東日本大震災のときには、福島の原子力発電所で全電源喪失状態となりましたが、それが全世界で起こりえます。巨大な発電タービンを作るにはかなりの時間がかかるでしょうから、多くの地域でずっと電気のない生活を続けなければなりません。

アメリカは、巨大なコロナ質量放出に備えて、緊急時には送電線を発電所から切り離すような対策に乗り出しているそうです。幸い、太陽の大爆発が起こり、地球に向かってくるのは、天文台で観測することができます。地球にコロナ質量放出がやってくるのには、１日半から３日かかりますから、送電線切断システムをその間に作動させれば、大災害を防ぐことができます。ただそれでも、多くの人工衛星が壊れてしまう可能性は残ります。

さらに「１０００年に１度」クラスの巨大なコロナ質量放出が来ると、オゾン層が破壊されてしまう可能性もあります。数年間オゾン層がうすくなると、地球上の生物は非常に多くの紫外線を浴びることになります。また気候変動も起こす可能性があります。

長い地球の歴史の中では、地磁気の反転は何度も起こっています。地磁気の反転にはそれなりの時間がかかると考えられています。地磁気の反転時には、北極と南極の磁極が乱れることが予想されます。その場合は、磁気シールドがかなり弱くなるようです。そのときに大きなコロナ質量放出が地球を直撃すると、地球上の生物に影響を与える可能性があります。「大変な危機だけど、ウイルスとは関係ないのでは?」と思われたでしょうか。実はそうでもないんです。なぜ私が、コロナ質量放出や地磁気反転に関心をもっているのかというと、放射線や宇宙線によって、レトロトランスポゾンが活性化することがわかっているのです。

前述したように、生物のレトロトランスポゾンが活性化することは、生物に進化を促している可能性があるということです。地磁気反転や太陽活動により、強い宇宙線が地球に降り注いだときに、レトロトランスポゾンが活性化し、生物の進化が加速し、危機を乗り越えるかもしれません。

私たち生物は、環境が激変したとき、生き残りをかけて、遺伝子の中の適応進化のスイッチを入れるのかもしれません。私たちの体の中には、まだわからない仕組みが備わっているのではと思っています。

地球環境の変化に合わせて、今後も生物は進化し続ける

植物にもレトロトランスポゾンがあります。温度が上昇して、暑熱環境下になると、ＯＮＳＥＮという名前のレトロトランスポゾンが活性化してレトロトランスポジションが起こります。＊ レトロトランスポジションが活発化すれば形質変化につながります。ＯＮＳＥＮは温泉のことで、この現象を発見し日本人が名付けました。

現在の地球は、人間にとって過ごしやすい気温です。しかし、将来的には気温が大幅に上昇するかもしれませんし、寒冷化して寒くなるかもしれません。

ただ、仮に平均気温が10度上昇したときに生物が絶滅するかというと、それはないでしょう。高温に適応した生物が生き残り、高温に適した新しい生物が出てくるでしょう。高温に適応するためには、遺伝子が変わったり、発現制御が変わるのだと思います。そのような危機管理装置が生物にあって、スイッチが入れば働き始めるのではないでしょうか。

温度のほかに宇宙線もそのスイッチを入れる可能性もあると思っています。太陽以外の要因として、宇宙線の一種であるガンマ線も進化のスイッチを入れる役割を担っているかもしれません。宇宙からのガンマ線は普段は少ないのですが、超新星爆発や恒星同士の衝突があ

ると、とてつもない量のガンマ線が放出（ガンマ線バースト）され、それが地球に降り注ぐ可能性はあります。もちろん、その確率は途方もなく低いのですが、数千万年、数億年のタイムスケールだとゼロではないでしょう。

地球温暖化が環境問題として取り上げられていますが、CO_2濃度は、中生代と比べると大きく下がっています。中生代は現在の2倍から6倍くらいのCO_2濃度でした。CO_2濃度が非常に高かったため、中生代には植物が繁栄していて、生物も繁栄していました。それらの生物が死んで、地下に埋まって石油や石炭になり、現代人がエネルギー源として利用しています。

中生代は、CO_2濃度が高く、暑かったけれども、生物は繁栄していました。今後、CO_2濃度が上がり、地球が温暖化していくと、人間は困るかもしれませんが、生物全体にとっては特に問題は生じないでしょう。むしろ生物は繁栄する可能性があります。

地球上では酸素濃度も大きく上下しています。古生代末期（ペルム紀）は酸素濃度が急激に下がっています。酸素濃度が低下すると、呼吸をしている生物は苦しくなって、絶滅していきます。

ペルム紀の生物の大絶滅は、急激な酸素濃度の低下が原因であるとも考えられています。

爬虫類と異なり哺乳類は横隔膜をもっています。肺だけを動かそうとしても息をあまり吸えませんが、横隔膜をグーッと下げると、肺が膨らんで酸素をたくさん取り入れることができます。酸素濃度が低下する環境下では、生存するのに有利な体の構造かもしれません。もっとも低酸素状態では妊娠は維持できないかもしれません。胎子（胎仔）に充分な酸素を供給できなくなるかもしれないからです。

ちなみに、哺乳類が獲得したものとして、耳たぶと耳小骨があります。もともと耳小骨は1つでしたが、3つになりました。恐竜時代には昼間に活動すると食べられてしまうため、哺乳類は夜行性にならざるをえませんでした。夜の暗闇の中で、昆虫を食べて生きていましたが、夜は目が見えませんから、昆虫を発見するには、耳の機能を高めるしかなかったのでしょう。耳たぶを作り、耳小骨を増やして音の増幅率を高めたのではないかと考えられます。

こうした体の変化をもたらすためには、ゲノムＤＮＡを書き換えないといけません。そこにトランスポゾンやレトロトランスポゾン、内在性レトロウイルスの働きが深く関係しているのではないかと私は考えています。

地球環境の変化の中で、生物とウイルスは何億年間も「共進化」の関係を続けてきた可能性があります。その関係を探るために、これからも研究を続けていきたいと考えています。

あとがき

私がウイルス研究に初めて携わったのは１９８７年で、ヒトT細胞白血病ウイルスに対する組換え生ワクチンの開発でした。以来34年間、レトロウイルスを中心に研究をしてきました。内在性レトロウイルス（ＥＲＶ）を知ってからは、ＥＲＶの魅力にとりつかれました。本書にも書いたように、ＥＲＶは病原性ウイルスとは違い、病気と直接関わっているわけではないので、ＥＲＶ研究のための予算獲得はとても困難です。しかし、研究を諦めることなく、細々とですが、病原性ウイルスの研究とともに内在性レトロウイルスの研究を続けてきました。

私が若い頃思い描いていたのは、自分が45歳くらいになったときには、ＥＲＶの研究が全盛になっているということでした。しかし、ＥＲＶの研究はまだ黎明期（れいめいき）とも言える段階で、これからどんどん面白くなると思っています。ようやくＥＲＶ研究のスタートラインについた感じです。しかし私は今年57歳になり、研究人生もいよいよ少なくなってきました。まさに「少年老い易く学成り難し」です。私の次の世代、さらにその次の世代に研究を引き継いでいただき、この研究分野で日本が貢献することを夢見ています。ＥＲＶ研究は医学にすぐには役に立たなくても、将来きっと役に立つこともいっぱいあると思います。ノーベル生理学医学賞も夢ではないでしょう。

本書で言いたかったことの一つに「ウイルスは決して悪者ではない」ということがあります。動物も植物も細菌もウイルスもすべて地球上の生き物で、相互に作用しながら生きています。本書に書いたように、ウイルスが無ければ、人も動物もここまで進化しなかったのです。地球全体で一つの生命体であること、地球の生命体も宇宙と関わっていることを、ウイルスを通して認識していただければ幸いです。

現在、新型コロナウイルスを巡って世論が割れています。割れているだけならまだしも、意見が異なる者同士がお互いいがみ合っているところもあります。私はそのことをとても悲しく思います。この時期に、この本を出版することで、ウイルスの真の姿を皆様に知って頂き、新型コロナウイルスの存在もあるがままに見つめ、冷静に対処してくれることを望んでいます。

今日は春のお彼岸の入りです。京都では桜も咲き始めました。日々移ろう自然の中で、皆さんが穏やかに過ごせることを祈っております。

本書の出版に際しては、多くの方々からのお力添えを頂きました。東海大学医学部の中川草先生、東海大学総合農学研究所の今川和彦先生、神戸大学医学部の青井貴之先生、青井（小柳）三千代先生、京都大学霊長類研究所の岡本宗裕先生、東京農工大学農学部の水谷哲也先生、京都市立芸術大学の磯部洋明先生、東京医科歯科大学の石野史敏先生、愛知医科大学病院の小林孝彰先生には、本書をまとめるにあたってご助言を頂きました。深く感謝申し上げます。

また、京都大学ウイルス・再生医科学研究所（旧ウイルス研究所）の宮沢研究室（ウイルス共進化分野）に所属の学生、過去の卒業生、秘書の皆様方にはたいへんお世話になりました。本書に紹介した研究のほとんどが、彼らによってなされたものであり、私は単に研究を鼓舞しただけです。

最後に、私の大学時代の恩師である故見上彪先生（元東京大学名誉教授）、私をウイルス研究に導いた速水正憲先生（京都大学名誉教授）、山内一也先生（東京大学名誉教授）、川喜田正夫先生（東京大学名誉教授）に深く感謝いたします。

宮沢孝幸

by somatic cell nuclear transfer. *Cell* 172(4): 881-887.（体細胞核移植によるクローンサルの作成）

13. Patience C, Takeuchi Y, Weiss RA (1997) Infection of human cells by an endogenous retrovirus of pigs. *Nat Med* 3(3): 282-286.（ブタ内在性レトロウイルスの発見）
14. Wynyard S, Nathu D, Garkavenko O, Denner J, Elliott R (2014) Microbiological safety of the first clinical pig islet xenotransplantation trial in New Zealand. *Xenotransplantation* 21(4): 309-323.（ニュージーランドにおける膵島の異種移植）
15. Niu D, Wei HJ, Lin L, George H, Wang T, Lee IH, Zhao HY, Wang Y, Kan Y, Shrock E, Lesha E, Wang G, Luo Y, Qing Y, Jiao D, Zhao H, Zhou X, Wang S, Wei H, Güell M, Church GM, Yang L (2017) Inactivation of porcine endogenous retrovirus in pigs using CRISPR-Cas9. *Science* 357(6357): 1303-1307.（CRISPR-Cas9を用いたブタ内在性レトロウイルスノックアウトブタの作出）
16. Mangeney M, Pothlichet J, Renard M, Ducos B, Heidmann T (2005) Endogenous retrovirus expression is required for murine melanoma tumor growth *in vivo*. *Cancer Res* 65(7): 2588-2591.（マウスのメラノーマの転移に関与する内在性レトロウイルス）

第７章　生物の進化に貢献してきたレトロウイルス

1. 日経サイエンス編集部（2004）崩れるゲノムの常識 別冊日経サイエンス146
2. Matsui T, Miyamoto K, Kubo A, Kawasaki H, Ebihara T, Hata K, Tanahashi S, Ichinose S, Imoto I, Inazawa J, Kudoh J, Amagai M (2011) SASPase regulates stratum corneum hydration through profilaggrin-to-filaggrin processing. *EMBO Mol Med* 3(6): 320-333.（皮膚の進化に関与した古代ウイルス由来の酵素）
3. 片岡龍峰（2016）宇宙災害:太陽と共に生きるということ（DOJIN選書）
4. Ito H, Gaubert H, Bucher E, Mirouze M, Vaillant I, Paszkowski J (2011) An siRNA pathway prevents transgenerational retrotransposition in plants subjected to stress. *Nature* 472(7341): 115-119.（siRNAはストレスをうけた植物においてトランスポゾンの子孫への転移を抑制する）

物の胎盤形成に関与する内在性レトロウイルス）
3．仲屋友喜、宮沢孝幸（2015）霊長類および反芻類の胎盤形成に関与する内在性レトロウイルス 生物科学 67: 28-37.
4．Imakawa K, Nakagawa S, Miyazawa T (2015) Baton pass hypothesis: successive incorporation of unconserved endogenous retroviral genes for placentation during mammalian evolution. *Genes Cells* 20(10):771-788.（内在性レトロウイルスのバトンパス仮説の総説）
5．Nakaya Y, Koshi K, Nakagawa S, Hashizume K, Miyazawa T (2013) Fematrin-1 is involved in fetomaternal cell-to-cell fusion in Bovinae placenta and has contributed to diversity of ruminant placentation. *J Virol* 87(19): 10563-10572.（ウシ亜科の胎盤形成に関与する内在性レトロウイルス由来遺伝子〔Fematrin-1〕）
6．宮沢孝幸（2014）胎盤の多様化と古代ウイルス - エンベロープタンパク質が結ぶ母と子の絆 - うつる 生命誌年刊号vol.81.
7．Tarlinton RE, Meers J, Young PR (2006) Retroviral invasion of the koala genome. *Nature* 442(7098): 79-81.（コアラのゲノムに侵入するレトロウイルス）
8．Takahashi K, Yamanaka S (2006) Induction of pluripotent stem cells from mouse embryonic and adult fibroblast cultures by defined factors. *Cell* 126(4): 663-676.（4因子導入による人工多能性幹細胞〔iPS細胞〕樹立）
9．Macfarlan TS, Gifford WD, Driscoll S, Lettieri K, Rowe HM, Bonanomi D, Firth A, Singer O, Trono D, Pfaff SL (2012) Embryonic stem cell potency fluctuates with endogenous retrovirus activity. *Nature* 487(7405): 57-63.（胚性幹細胞の能力は内在性レトロウイルスの活性によって変動する）
10. Cinkornpumin JK, Kwon SY, Guo Y, Hossain I, Sirois J, Russett CS, Tseng HW, Okae H, Arima T, Duchaine TF, Liu W, Pastor WA (2020) Naive human embryonic stem cells can give rise to cells with a trophoblast-like transcriptome and methylome. *Stem Cell Reports* 15(1): 198-213.（ES細胞から胎盤様細胞への変換）
11. Yu L, Wei Y, Duan J, Schmitz DA, Sakurai M, Wang L, Wang K, Zhao S, Hon GC, Wu J. (2021) Blastocyst-like structures generated from human pluripotent stem cells. *Nature* (Online ahead of print) doi: 10.1038/s41586-021-03356-y.
12. Liu Z, Cai Y, Wang Y, Nie Y, Zhang C, Xu Y, Zhang X, Lu Y, Wang Z, Poo M, Sun Q (2018) Cloning of macaque monkeys

errantivirus and baculovirus envelope proteins. *Virus Res* 118(1-2):7-15.（昆虫のレトロウイルスとエンベロープタンパク質の起源）

15. Overbaugh J, Riedel N, Hoover EA, Mullins JI (1988) Transduction of endogenous envelope genes by feline leukaemia virus *in vitro*. *Nature* 332(6166): 731-734.（ネコ白血病ウイルスサブグループBは内在性レトロウイルスとの組換えで生じる）
16. Anderson MM, Lauring AS, Burns CC, Overbaugh J (2000) Identification of a cellular cofactor required for infection by feline leukemia virus. *Science* 287(5459): 1828-1830.（ネコ白血病ウイルスの感染を助長する内在性レトロウイルス由来タンパク質FeLIXの発見）
17. Mullins JI, Hoover EA, Overbaugh J, Quackenbush SL, Donahue PR, Poss ML (1989) FeLV-FAIDS-induced immunodeficiency syndrome in cats. *Vet Immunol Immunopathol* 21(1): 25-37.（ネコ白血病ウイルスの変異株による免疫不全）
18. Sakaguchi S, Shojima T, Fukui D, Miyazawa T (2015) A soluble envelope protein of endogenous retrovirus (FeLIX) present in serum of domestic cats mediates infection of a pathogenic variant of feline leukemia virus. *J Gen Virol* 96(Pt 3): 681-687.（レトロウイルスの感染を助長する内在性レトロウイルス由来タンパク質FeLIXは血液中に存在する）
19. Heidmann O, Béguin A, Paternina J, Berthier R, Deloger M, Bawa O, Heidmann T (2017) HEMO, an ancestral endogenous retroviral envelope protein shed in the blood of pregnant women and expressed in pluripotent stem cells and tumors. *Proc Natl Acad Sci USA* 114(32): E6642-E6651.（妊娠中に発現する内在性レトロウイルスタンパク質）

第6章　ヒトの胎盤はレトロウイルスによって生まれた

1. Mi S, Lee X, Li X, Veldman GM, Finnerty H, Racie L, LaVallie E, Tang XY, Edouard P, Howes S, Keith JC Jr, McCoy JM (2000) Syncytin is a captive retroviral envelope protein involved in human placental morphogenesis. *Nature* 403(6771): 785-789.（胎盤で機能する内在性レトロウイルス〔Syncytin〕の発見）
2. Nakaya Y, Miyazawa T (2015) The roles of syncytin-like proteins in ruminant placentation. *Viruses* 7(6):2928-2942.（反芻動

sequences. Nature 447(7141): 167-177.（オポッサムのゲノムプロジェクト報告）
4. Gifford R, Tristem M (2003) The evolution, distribution and diversity of endogenous retroviruses. *Virus Genes* 26(3): 291-315.（内在性レトロウイルスに関する総説）
5. Tarlinton RE, Meers J, Young PR (2006) Retroviral invasion of the koala genome. *Nature* 442(7098): 79-81.（コアラのゲノムに侵入するレトロウイルス）
6. 日経サイエンス編集部（2004）崩れるゲノムの常識 別冊日経サイエンス146
7. Kitao K, Nakagawa S, Miyazawa T (2021) An ancient retroviral RNA element hidden in mammalian genomes and its involvement in coopted retroviral gene regulation. *BioRxiv* (Preprint) doi: https://doi.org/10.1101/2021.03.02.433518（古代のレトロウイルスと現代のレトロウイルスの発現制御の違い）
8. Coufal NG, Garcia-Perez JL, Peng GE, Yeo GW, Mu Y, Lovci MT, Morell M, O'Shea KS, Moran JV, Gage FH (2009) L1 retrotransposition in human neural progenitor cells. *Nature* 460(7259):1127-1131.（LINEによる脳のゲノムの書き換え）
9. Horie M, Honda T, Suzuki Y, Kobayashi Y, Daito T, Oshida T, Ikuta K, Jern P, Gojobori T, Coffin JM, Tomonaga K (2010) Endogenous non-retroviral RNA virus elements in mammalian genomes. *Nature* 463(7277):84-87.（非レトロウイルス〔ボルナウイルス〕の内在化）
10. McAllister RM, Nicolson M, Gardner MB, Rongey RW, Rasheed S, Sarma PS, Huebner RJ, Hatanaka M, Oroszlan S, Gilden RV, Kabigting A, Vernon L (1972) C-type virus released from cultured human rhabdomyosarcoma cells. *Nat New Biol* 235(53): 3-6.（ヒト横紋筋肉腫から産生されるレトロウイルス〔RD-114ウイルスの発見〕）
11. Weiss RA (2006) The discovery of endogenous retroviruses. *Retrovirology* 3:67.（内在性レトロウイルスの発見の経緯）
12. International Human Genome Sequencing Consortium (2001) Initial sequencing and analysis of the human genome. *Nature* 409(6822): 860-921.（ヒトゲノムプロジェクトの最初のレポート）
13. Kazazian HH Jr. (2004) Mobile elements: drivers of genome evolution. *Science* 303(5664): 1626-1632.（LINEとSINEによるスプライスパターンの変化）
14. Pearson MN, Rohrmann GF (2006) Envelope gene capture and insect retrovirus evolution: the relationship between

Jarrett O, Neil JC (1998) DNA vaccination affords significant protection against feline immunodeficiency virus infection without inducing detectable antiviral antibodies. *J Virol* 72(9): 7310-7319.（ネコ免疫不全ウイルスのDNAワクチン開発）

4．Deng SQ, Yang X, Wei Y, Chen JT, Wang XJ, Peng HJ (2020) A review on dengue vaccine development. *Vaccines (Basel)* 8(1): 63.（デングウイルスワクチンに関する総説）

5．Zhang XM, Herbst W, Kousoulas KG, Storz J (1994) Biological and genetic characterization of a hemagglutinating coronavirus isolated from a diarrhoeic child. *J Med Virol* 44(2): 152-161.（下痢を起こすヒト腸コロナウイルス4408の性状解析）

第5章　生物の遺伝子を書き換えてしまう「レトロウイルス」

1．Yoshida M, Miyoshi I, Hinuma Y (1982) Isolation and characterization of retrovirus from cell lines of human adult T-cell leukemia and its implication in the disease. *Proc Natl Acad Sci USA* 79(6):2031-2035.（HTLV-1〔ATLV〕の分離と成人T細胞白血病との関連）

2．Barré-Sinoussi F, Chermann JC, Rey F, Nugeyre MT, Chamaret S, Gruest J, Dauguet C, Axler-Blin C, Vézinet-Brun F, Rouzioux C, Rozenbaum W, Montagnier L (1983) Isolation of a T-lymphotropic retrovirus from a patient at risk for acquired immune deficiency syndrome (AIDS). *Science* 220(4599): 868-871.（ヒト免疫不全ウイルスの分離）

3．Mikkelsen TS, Wakefield MJ, Aken B, Amemiya CT, Chang JL, Duke S, Garber M, Gentles AJ, Goodstadt L, Heger A, Jurka J, Kamal M, Mauceli E, Searle SM, Sharpe T, Baker ML, Batzer MA, Benos PV, Belov K, Clamp M, Cook A, Cuff J, Das R, Davidow L, Deakin JE, Fazzari MJ, Glass JL, Grabherr M, Greally JM, Gu W, Hore TA, Huttley GA, Kleber M, Jirtle RL, Koina E, Lee JT, Mahony S, Marra MA, Miller RD, Nicholls RD, Oda M, Papenfuss AT, Parra ZE, Pollock DD, Ray DA, Schein JE, Speed TP, Thompson K, VandeBerg JL, Wade CM, Walker JA, Waters PD, Webber C, Weidman JR, Xie X, Zody MC; Broad Institute Genome Sequencing Platform; Broad Institute Whole Genome Assembly Team, Graves JA, Ponting CP, Breen M, Samollow PB, Lander ES, Lindblad-Toh K (2007) Genome of the marsupial *Monodelphis domestica* reveals innovation in non-coding

ココロナウイルスとイヌコロナウイルスの組換え）
12. Doctor YouMe（2021）若手ウイルス研究者がざっくり教える新型コロナウイルス（特に変異株）Ver.2.0
13. Sassa Y, Yamamoto H, Mochizuki M, Umemura T, Horiuchi M, Ishiguro N, Miyazawa T (2011) Successive deaths of a captive snow leopard (Uncia uncia) and a serval (Leptailurus serval) by infection with feline panleukopenia virus at Sapporo Maruyama Zoo. *J Vet Med Sci* 73(4): 491-494.（ネコパルボウイルスによる大型ネコ科動物の死）
14. Ikeda Y, Nakamura K, Miyazawa T, Takahashi E, Mochizuki M (2002) Feline host range of canine parvovirus: recent emergence of new antigenic types in cats. *Emerg Infect Dis* 8(4): 341-346.（ネコパルボウイルスに関する総説）
15. Ikeda Y, Mochizuki M, Naito R, Nakamura K, Miyazawa T, Mikami T, Takahashi E (2000) Predominance of canine parvovirus (CPV) in unvaccinated cat populations and emergence of new antigenic types of CPVs in cats. *Virology* 278(1): 13-19.（ベトナムにおける新型ネコパルボウイルスの分離）
16. Noda T (2020) Selective genome packaging mechanisms of influenza A viruses. *Cold Spring Harb Perspect Med* 24: a038497.（インフルエンザウイルスの分節のパッケージング）
17. Moreno E, Ojosnegros S, García-Arriaza J, Escarmís C, Domingo E, Perales C (2014) Exploration of sequence space as the basis of viral RNA genome segmentation. *Proc Natl Acad Sci USA* 111(18): 6678-6683.（セグメントウイルスの起源に関する論文）

第４章　ウイルスとワクチン

1. Arvin AM, Fink K, Schmid MA, Cathcart A, Spreafico R, Havenar-Daughton C, Lanzavecchia A, Corti D, Virgin HW (2020) A perspective on potential antibody-dependent enhancement of SARS-CoV-2. *Nature* 584(7821): 353-363.（SARS-CoV-2の抗体依存性感染増強〔ADE〕に関する総説）
2. Takano T, Nakaguchi M, Doki T, Hohdatsu T (2017) Antibody-dependent enhancement of serotype II feline enteric coronavirus infection in primary feline monocytes. *Arch Virol* 162(11): 3339-3345.（ネコロナウイルスのADEの論文）
3. Hosie MJ, Flynn JN, Rigby MA, Cannon C, Dunsford T, Mackay NA, Argyle D, Willett BJ, Miyazawa T, Onions DE,

4. Tyrell DA, Almeida JD, Berry DM. Cunningham CH, Hamre D, Hofstad MS, Mulluci L, McIntosh K (1968) Coronaviruses. *Nature (Lond.)* 220: 650.（コロナウイルスの発見と命名）
5. Xiao K, Zhai J, Feng Y, Zhou N, Zhang X, Zou JJ, Li N, Guo Y, Li X, Shen X, Zhang Z, Shu F, Huang W, Li Y, Zhang Z, Chen RA, Wu YJ, Peng SM, Huang M, Xie WJ, Cai QH, Hou FH, Chen W, Xiao L, Shen Y (2020) Isolation of SARS-CoV-2-related coronavirus from Malayan pangolins. *Nature* 583(7815):286-289.（センザンコウからのSARS-CoV-2関連ウイルスの分離）
6. Rasschaert D, Duarte M, Laude H (1990) Porcine respiratory coronavirus differs from transmissible gastroenteritis virus by a few genomic deletions. *J Gen Virol* 71(Pt 11): 2599-2607.（ブタ伝染性胃腸炎ウイルスはSタンパク質の変異でブタ呼吸器コロナウイルスとなる）
7. Das Sarma J, Fu L, Hingley ST, Lai MM, Lavi E (2001) Sequence analysis of the S gene of recombinant MHV-2/A59 coronaviruses reveals three candidate mutations associated with demyelination and hepatitis. *J Neurovirol* 7(5): 432-436.（神経傷害性のマウスコロナウイルス）
8. Huynh J, Li S, Yount B, Smith A, Sturges L, Olsen JC, Nagel J, Johnson JB, Agnihothram S, Gates JE, Frieman MB, Baric RS, Donaldson EF (2012) Evidence supporting a zoonotic origin of human coronavirus strain NL63. *J Virol* 86(23): 12816-12825.（ヒトコロナウイルスNL63の起源）
9. Hoffmann M, Kleine-Weber H, Schroeder S, Krüger N, Herrler T, Erichsen S, Schiergens TS, Herrler G, Wu NH, Nitsche A, Müller MA, Drosten C, Pöhlmann S (2020) SARS-CoV-2 cell entry depends on ACE2 and TMPRSS2 and is blocked by a clinically proven protease inhibitor. *Cell* 181(2): 271-280.e8.（SARS-CoV-2の受容体の同定）
10. Hofmann H, Pyrc K, van der Hoek L, Geier M, Berkhout B, Pöhlmann S (2005) Human coronavirus NL63 employs the severe acute respiratory syndrome coronavirus receptor for cellular entry. *Proc Natl Acad Sci USA* 102(22): 7988-7993.（ヒトコロナウイルスNL63の感染受容体）
11. Terada Y, Matsui N, Noguchi K, Kuwata R, Shimoda H, Soma T, Mochizuki M, Maeda K (2014) Emergence of pathogenic coronaviruses in cats by homologous recombination between feline and canine coronaviruses. *PLoS One* 9(9): e106534.（ネ

第2章　ヒトはウイルスとともに暮らしている

1. World Wide Fund for Nature (2020) COVID19: Urgent call to protect people and nature.（ヒト新興ウイルス感染症の出現数の推移）
2. 山田章雄（2004）人獣共通感染症 ウイルス 54(1): 17-22.（人獣共通感染症に関する総説）
3. Barton ES, White DW, Cathelyn JS, Brett-McClellan KA, Engle M, Diamond MS, Miller VL, Virgin HW 4th (2007) Herpesvirus latency confers symbiotic protection from bacterial infection. *Nature* 447(7142): 326-329.（ヘルペスウイルスとペスト菌を抑制する）
4. Machiels B, Dourcy M, Xiao X, Javaux J, Mesnil C, Sabatel C, Desmecht D, Lallemand F, Martinive P, Hammad H, Guilliams M, Dewals B, Vanderplasschen A, Lambrecht BN, Bureau F, Gillet L (2017) A gammaherpesvirus provides protection against allergic asthma by inducing the replacement of resident alveolar macrophages with regulatory monocytes. *Nat Immunol* 18(12): 1310-1320.（ガンマヘルペスウイルスによるアレルギー性喘息の予防効果）
5. ＮＨＫ「サイエンスＺＥＲＯ」取材班、藤堂具紀 ＮＨＫサイエンスＺＥＲＯ ウイルスでがん消滅（NHK出版）（腫瘍溶解性ウイルスについての解説）
6. Hashimoto-Gotoh A, Kitao K, Miyazawa T (2020) Persistent infection of simian foamy virus derived from the Japanese macaque leads to the high-level expression of microRNA that resembles the miR-1 microRNA precursor family. *Microbes Environ* 35(1): ME19130.（非病原性のサルフォーミーウイルスから産生される抗腫瘍性miRNA）

第3章　そもそも「ウイルス」とは何？

1. Temin HM, Mizutani S (1970) RNA-dependent DNA polymerase in virions of Rous sarcoma virus. *Nature* 226(5252): 1211-1213.（逆転写酵素の発見）
2. Bergh O, Børsheim KY, Bratbak G, Heldal M (1989) High abundance of viruses found in aquatic environments. *Nature* 340(6233): 467-468.（海の中のウイルス量）
3. 公益社団法人日本獣医学会微生物学分科会編（2018）獣医微生物学 第4版（文永堂出版）

An isolated epizootic of hemorrhagic-like fever in cats caused by a novel and highly virulent strain of feline calicivirus. *Vet Microbiol* 73: 281-300.（劇症型ネコカリシウイルス）

17. Abrantes J, van der Loo W, Le Pendu J, Esteves PJ (2012) Rabbit haemorrhagic disease (RHD) and rabbit haemorrhagic disease virus (RHDV): a review. *Vet Res* 43(1): 12.（ウサギカリシウイルス〔ラゴウイルス〕によるウサギ出血症）
18. Fujiyuki T, Takeuchi H, Ono M, Ohka S, Sasaki T, Nomoto A, Kubo T (2004) Novel insect picorna-like virus identified in the brains of aggressive worker honeybees. *J Virol* 78(3): 1093-1100.（攻撃バチに感染するピコルナウイルス〔カクゴウイルス〕）
19. Boodhoo N, Gurung A, Sharif S, Behboudi S (2016) Marek's disease in chickens: a review with focus on immunology. *Vet Res* 47(1):119.（マレック病の総説）
20. Levy AM, Gilad O, Xia L, Izumiya Y, Choi J, Tsalenko A, Yakhini Z, Witter R, Lee L, Cardona CJ, Kung HJ (2005) Marek's disease virus Meq transforms chicken cells via the v-Jun transcriptional cascade: a converging transforming pathway for avian oncoviruses. *Proc Natl Acad Sci USA* 102(41):14831-14836.（マレック病ウイルスのがん遺伝子〔Meq〕）
21. Isfort RJ, Qian Z, Jones D, Silva RF, Witter R, Kung HJ (1994) Integration of multiple chicken retroviruses into multiple chicken herpesviruses: herpesviral gD as a common target of integration. *Virology* 203(1):125-133.（レトロウイルスがヘルペスウイルスに入り込む）
22. 宮沢孝幸、下出紗弓、中川草（2016）RD-114物語：ネコの移動の歴史を探るレトロウイルス ウイルス 66(1)：21-30.（RD-114ウイルスの日本語総説）
23. Miyazawa T (2015) The Concept of Multidimensional Neovirology（高次元ネオウイルス学の提唱）*Institute for Virus Research's Retreat*（2015年12月21日講演、琵琶湖ホテル）（高次元〔多次元〕ネオウイルス学の初の提唱）
24. Woo PC, Lau SK, Wong BH, Fan RY, Wong AY, Zhang AJ, Wu Y, Choi GK, Li KS, Hui J, Wang M, Zheng BJ, Chan KH, Yuen KY (2012) Feline morbillivirus, a previously undescribed paramyxovirus associated with tubulointerstitial nephritis in domestic cats. *Proc Natl Acad Sci USA* 109(14):5435-5440.（ネコの腎不全と関連するネコモルビリウイルスの発見）

8．稲垣晴久、山根到、浜井美弥、伊佐正、岡本宗裕（2012）SRV-5の関与が疑われる血小板減少症 －生理学研究所ニホンザルにおける事例－ オベリスク 17(1): 1-3.
9．喜多正和、岡本宗裕（2011）サルレトロウイルス4型（SRV-4）実験動物ニュース 60(4): 5-7.（サルレトロウイルス4型によるニホンザル血小板減少症）
10. Ahmed M, Mayyasi SA, Chopra HC, Zelljadt I, Jensen EM (1971) Mason-Pfizer monkey virus isolated from spontaneous mammary carcinoma of a female monkey. I. Detection of virus antigens by immunodiffusion, immunofluorescent, and virus agglutination techniques. *J Natl Cancer Inst* 46(6):1325-1334.（1971年、サルレトロウイルス〔Mason-Pfizer monkey virus〕発見の論文）
11. Yoshikawa R, Okamoto M, Sakaguchi S, Nakagawa S, Miura T, Hirai H, Miyazawa T (2015) Simian retrovirus 4 induces lethal acute thrombocytopenia in Japanese macaques. *J Virol* 89: 3965-3975.（サルレトロウイルス4型の感染実験）
12. Okamoto M, Miyazawa T, Morikawa S, Ono F, Nakamura S, Sato E, Yoshida T, Yoshikawa R, Sakai K, Mizutani T, Nagata N, Takano J, Okabayashi S, Hamano M, Fujimoto K, Nakaya T, Iida T, Horii T, Miyabe-Nishiwaki T, Watanabe A, Kaneko A, Saito A, Matsui A, Hayakawa T, Suzuki J, Akari H, Matsuzawa T, Hirai H (2015) Emergence of infectious malignant thrombocytopenia in Japanese macaques (Macaca fuscata) by SRV-4 after transmission to a novel host. *Sci Rep* 5: 8850.（霊長類研究所でのサル血小板減少症の発生について）
13. Sato K, Kobayashi T, Misawa N, Yoshikawa R, Takeuchi JS, Miura T, Okamoto M, Yasunaga J, Matsuoka M, Ito M, Miyazawa T, Koyanagi Y (2015) Experimental evaluation of the zoonotic infection potency of simian retrovirus type 4 using humanized mouse model. *Sci Rep* 5: 14040.（ヒト化マウスでのサルレトロウイルス4型の感染実験）
14. Koide R, Yoshikawa R, Okamoto M, Sakaguchi S, Suzuki J, Isa T, Nakagawa S, Sakawaki H, Miura T, Miyazawa T (2019) Experimental infection of Japanese macaques with simian retrovirus 5. *J Gen Virol* 100(2): 266-277.（サルレトロウイルス5型の感染実験）
15. Hemelaar J (2012) The origin and diversity of the HIV-1 pandemic. *Trends Mol Med* 18(3): 182-192.（HIV-1の起源と多様性）
16. Pedersen NC, Elliott JB, Glasgow A, Poland A, Keel K (2000)

参考文献

第1章 「次」に来る可能性がある、動物界のウイルス

1. 日沼頼夫（2003）日本ウイルス学会の歩み：私記　ウイルス (2003) 53(1):59-61.（予測ウイルス学の提唱）
2. Düx A, Lequime S, Patrono LV, Vrancken B, Boral S, Gogarten JF, Hilbig A, Horst D, Merkel K, Prepoint B, Santibanez S, Schlotterbeck J, Suchard MA, Ulrich M, Widulin N, Mankertz A, Leendertz FH, Harper K, Schnalke T, Lemey P, Calvignac-Spencer S (2020) Measles virus and rinderpest virus divergence dated to the sixth century BCE. *Science* 368(6497): 1367-1370.（麻疹ウイルスの起源）
3. Summers BA, Appel MJ (1994) Aspects of canine distemper virus and measles virus encephalomyelitis. *Neuropathol Appl Neurobiol* 20: 525-534.（イヌジステンパーウイルス〔CDV〕による大型ネコと海棲哺乳類の大量死）
4. Ikeda Y, Nakamura K, Miyazawa T, Chen MC, Kuo TF, Lin JA, Mikami T, Kai C, Takahashi E (2001) Seroprevalence of canine distemper virus in cats. *Clin Diagn Lab Immunol* 8: 641-644.（イエネコのCDV感染)
5. Sakai K, Nagata N, Ami Y, Seki F, Suzaki Y, Iwata-Yoshikawa N, Suzuki T, Fukushi S, Mizutani T, Yoshikawa T, Otsuki N, Kurane I, Komase K, Yamaguchi R, Hasegawa H, Saijo M, Takeda M, Morikawa S. (2013) Lethal canine distemper virus outbreak in cynomolgus monkeys in Japan in 2008. *J Virol* 87: 1105-1114.（CDVによるカニクイザルの連続死）
6. Sakai K, Yoshikawa T, Seki F, Fukushi S, Tahara M, Nagata N, Ami Y, Mizutani T, Kurane I, Yamaguchi R, Hasegawa H, Saijo M, Komase K, Morikawa S, Takeda M (2013) Canine distemper virus associated with a lethal outbreak in monkeys can readily adapt to use human receptors. *J Virol* 87: 7170-7175.（ヒト細胞に感染するCDVの変異）
7. Yang S, Wang S, Feng H, Zeng L, Xia Z, Zhang R, Zou X, Wang C, Liu Q, Xia X (2010) Isolation and characterization of feline panleukopenia virus from a diarrheic monkey. *Vet Microbiol* 143: 155-159.（ネコパルボウイルスによるアカゲザルとカニクイザルの死）

転写 71,136
トランスポジション 145
トランスポゾン 145
トリヘルペスウイルス1型 42,65

【な】
内在性レトロウイルス 132,143,144
生ワクチン 110
ニホンザル 26,29,31
ネコカリシウイルス 36
ネコ白血病ウイルス 127
ネコパルボウイルス 25
ノロウイルス 34
ノンコーディングRNA 175

【は】
バキュロウイルス 149
白血病ウイルス 162
発現プロモーター 115
パルボウイルス 25,101
ヒトゲノム・プロジェクト 141
ヒト免疫不全ウイルス 19
ヒト免疫不全ウイルス1型 33,58,127
日沼頼夫 17
フーリン切断箇所 99
フェマトリン1 164
不活化ワクチン 110
ブニヤウイルス科 37
プラス鎖 75
ブルータングウイルス 39
分節型 39,102
ベータコロナウイルス属 81,88,119
変異株 100,120
ボルナウイルス 41,138
翻訳 71,136

【ま】
マイクロRNA 65
マイナス鎖 75
膜融合 125
麻疹ウイルス 21
マレック病 42,65
水谷哲 19
メッセンジャーRNA 71

【や・ら】
有袋類 135,168
有用ウイルス 64
予測ウイルス学 20
リコンビネーション 33,98,151
レトロウイルス 18,72,105,124,147
レトロエレメント 144,187
レトロトランスポジション 144,187,203
レトロトランスポゾン 138,144,168,187,195,202,203
レンチウイルス 85,128

エイズ 18,33,127
エタノール 82
エランティウイルス 131,149
塩基 72
エンベロープ 35,73,82,149
横隔膜 193,205
オーロラ 200
オルソレトロウイルス亜科 129

【か】
外来性レトロウイルス 132
カクゴウイルス 40
核酸ワクチン 114
角質層 189
がん 42,64,115,139,183
感染増強作用 121
キクガシラコウモリ 87,99
逆転写 71,76,125
逆転写酵素 19,126,138,143
牛疫ウイルス 21
狂犬病ウイルス 40
強毒化 151
組換え 33,87,98,151
クローンヒツジ 173
ゲノム 39
抗体 110
後天性免疫不全症候群 18
合胞体性栄養膜細胞 158,160
コウモリ 43,52,96
コロナウイルス 85,89
コロナ質量放出 199

【さ】
細胞性免疫 110,121
サポウイルス 34
サルレトロウイルス４型 27
サルレトロウイルス５型 31
三核細胞 163
重症熱性血小板減少症候群ウイルス 37
腫瘍溶解性ウイルス 65
消化器疾患 89
初期化 170
新型コロナウイルス 53,83,87
新興ウイルス感染症 14,44,54,59
シンシチン 157
シンシチン2 161
スパイクタンパク質 82,113
スプーマウイルス亜科 128
スプライシング 136
スペイン風邪 58
生殖細胞 132,133,173
前駆体 136
セントラル・ドグマ 72,124
相同組換え 106

【た】
胎盤 135,156,161
多次元ネオウイルス学 49
タンパク質 70
地磁気 201
着床 157
デングウイルス 119

索引

※主要な該当ページ、節における初出のページのみ掲載

【数字・アルファベット】

1本鎖 75
2本鎖 75
229E 89,92
ACE2 96
ADE 112
B型肝炎ウイルス 131
COVID-19 81
DNA 70,73,75
DNAワクチン 114
ERV 132,206
ES細胞 170
FeLIX 152
HA 104
HERV 132,159
HIV 19,94,105,195
HIV-1 33,58,105,127
IgA 111,118
iPS細胞 170,183
LINE 138,142,147
LTR型レトロトランスポゾン 147
MERSコロナウイルス 43,53,87
mRNAワクチン 114
NA 104
NL63 89,92,96
OC43 89
ONSEN 203
PCR 31
RNA 71,73,75
SARS 53
SARS-CoV-2 52,81,83,87,94
SARSコロナウイルス 43,53,81,87,96
SASPase 190
SFTS 37
SINE 142,148
TS細胞 176
UV 83

【あ】

アイノウイルス 38
アデノウイルス 113
異種移植 179
遺伝子組み換えワクチン 113
イヌジステンパーウイルス 22
インフルエンザウイルス 58,102,154
ウイルス（定義） 80
ウォーラルウイルス 39
ウサギ出血病ウイルス 36
宇宙線 203

PHP INTERFACE
https://www.php.co.jp/

宮沢孝幸［みやざわ・たかゆき］

京都大学ウイルス・再生医科学研究所准教授。1964年東京都生まれ。兵庫県西宮市出身。東京大学農学部畜産獣医学科にて獣医師免許を取得。同大学院で動物由来ウイルスを研究。東大初の飛び級で博士号取得。大阪大学微生物病研究所エマージング感染症研究センター助手、帯広畜産大学畜産学部獣医学科助教授などを経て現職。日本獣医学学会賞、ヤンソン賞を受賞。2020年、新型コロナウイルス感染症の蔓延に対し、「1/100作戦」を提唱。本書が初の単著。共著に『公衆免疫強靭化論』（藤井聡との共著、啓文社書房）など。

構成：加藤貴之

京大　おどろきのウイルス学講義

PHP新書 1257

二〇二一年四月二十九日　第一版第一刷
二〇二一年六月　十五日　第一版第六刷

著者――宮沢孝幸
発行者――後藤淳一
発行所――株式会社PHP研究所
東京本部――〒135-8137 江東区豊洲5-6-52
第一制作部 ☎03-3520-9615（編集）
普及部 ☎03-3520-9630（販売）
京都本部――〒601-8411 京都市南区西九条北ノ内町11
組版――アイムデザイン株式会社
装幀者――芦澤泰偉＋児崎雅淑
印刷所
製本所――図書印刷株式会社

ISBN978-4-569-84934-8

ＰＨＰ新書刊行にあたって

「繁栄を通じて平和と幸福を」(PEACE and HAPPINESS through PROSPERITY)の願いのもと、ＰＨＰ研究所が創設されて今年で五十周年を迎えます。その歩みは、日本人が先の戦争を乗り越え、並々ならぬ努力を続けて、今日の繁栄を築き上げてきた軌跡に重なります。

しかし、平和で豊かな生活を手にした現在、多くの日本人は、自分が何のために生きているのか、どのように生きていきたいのかを、見失いつつあるように思われます。そして、その間にも、日本国内や世界のみならず地球規模での大きな変化が日々生起し、解決すべき問題となって私たちのもとに押し寄せてきます。

このような時代に人生の確かな価値を見出し、生きる喜びに満ちあふれた社会を実現するために、いま何が求められているのでしょうか。それは、先達が培ってきた知恵を紡ぎ直すこと、その上で自分たち一人一人がおかれた現実と進むべき未来について丹念に考えていくこと以外にはありません。

その営みは、単なる知識に終わらない深い思索へ、そしてよく生きるための哲学への旅でもあります。弊所が創設五十周年を迎えましたのを機に、ＰＨＰ新書を創刊し、この新たな旅を読者と共に歩んでいきたいと思っています。多くの読者の共感と支援を心よりお願いいたします。

一九九六年十月

ＰＨＰ研究所